Klaus A. Lehmann

Opioide und Antagonisten

Klinische Pharmakologie
für Anästhesisten, Intensivmediziner
und Schmerztherapeuten

Mit 26 Abbildungen

Springer-Verlag
Berlin Heidelberg New York London
Paris Tokyo Hong Kong Barcelona

Prof. Dr. Dr. Klaus A. Lehmann
Institut für Anästhesiologie und operative Intensivmedizin
Joseph-Stelzmann-Straße 9
D-5000 Köln 41

ISBN-13: 978-3-540-52761-9   e-ISBN-13: 978-3-642-75808-9
DOI: 10.1007/ 978-3-642-75808-9

Dieses Werk ist urheberrechtlich geschützt. Die dadurch begründeten Rechte, insbesondere die der Übersetzung, des Nachdrucks, des Vortrags, der Entnahme von Abbildungen und Tabellen, der Funksendung, der Mikroverfilmung oder der Vervielfältigung auf anderen Wegen und der Speicherung in Datenverarbeitungsanlagen, bleiben, auch bei nur auszugsweiser Verwertung, vorbehalten. Eine Vervielfältigung dieses Werkes oder von Teilen dieses Werkes ist auch im Einzelfall nur in den Grenzen der gesetzlichen Bestimmungen des Urheberrechtsgesetzes der Bundesrepublik Deutschland vom 9. September 1965 in der jeweils geltenden Fassung zulässig. Sie ist grundsätzlich vergütungspflichtig. Zuwiderhandlungen unterliegen den Strafbestimmungen des Urheberrechtsgesetzes.

© Springer-Verlag Berlin Heidelberg 1990

Die Wiedergabe von Gebrauchsnamen, Handelsnamen, Warenbezeichnungen usw. in diesem Werk berechtigt auch ohne besondere Kennzeichnung nicht zu der Annahme, daß solche Namen im Sinne der Warenzeichen- und Markenschutz-Gesetzgebung als frei zu betrachten wären und daher von jedermann benutzt werden dürften.

Produkthaftung: Für Angaben über Dosierungsanweisungen und Applikationsformen kann vom Verlag keine Gewähr übernommen werden. Derartige Angaben müssen vom jeweiligen Anwender im Einzelfall anhand anderer Literaturstellen auf ihre Richtigkeit überprüft werden.

2119/3140 (3011) 543210 – Gedruckt auf säurefreiem Papier

Für Helga, Stephan und Dagmar

Vorwort

Um ehrlich zu sein – dieses Buch habe ich eigentlich für mich selbst geschrieben. Wenn man sich als Anästhesist seit Jahren ganz besonders mit Problemen der Narkoseführung und der akuten wie chronischen Schmerztherapie beschäftigt, bleibt es nicht aus, daß man die eine oder andere Arbeit zu publizieren beabsichtigt, Vorlesungen zu halten hat oder daß man hin und wieder als Gutachter in Anspruch genommen wird. In beiden Situationen beginnt der Ärger mit der stets notwendigen Literaturrecherche und der kritischen Kommentierung bereits vorhandener Veröffentlichungen. Im Laufe der Zeit wächst dann die persönliche Literaturdatenbank zu einem Umfang heran, bei dem der Überblick leicht verloren geht. Also muß man ordnen!

Das vorliegende Buch stellt den Versuch dar, die einem Anästhesisten und Schmerztherapeuten üblicherweise zugängliche Literatur zum Thema „Opioide und Antagonisten" zusammenzustellen. Von den älteren Publikationen habe ich nur die wichtigsten Basisarbeiten und Reviews übernommen, während ich mich bemüht habe, die neuere Literatur zu den verschiedenen Präparaten möglichst vollständig zu zitieren. Wer sich mit einem bestimmten Problem beschäftigen will, findet in den erwähnten Arbeiten gewiß genügend Sekundärliteraturstellen, um sich umfassend zu informieren. „Kochrezepte" für die klinische Anwendung wollte ich ganz absichtlich nicht liefern: ich bin fest davon überzeugt, daß es solche nicht gibt.

Ich hoffe, daß dieses Buch Praktikern, Klinikern und Wissenschaftlern gleichermaßen hilft, sich in dem faszinierenden Gebiet der Opiatpharmakologie zurechtzufinden und Anregungen für einen sachgemäßen Einsatz der potenten Analgetika zu entnehmen, die unsere Patienten dringend benötigen.

Köln, im Frühjahr 1990   Klaus A. Lehmann

Inhaltsverzeichnis

1	**Einführung in Anatomie und Physiologie des Schmerzes**	1
1.1	Nozizeption	1
1.2	Neurotransmitter	2
1.3	Schmerzleitung	3
1.4	Schmerzverarbeitung	4
1.5	Opiatrezeptoren und endogene Opiate	6
2	**Klassifizierung von Opioiden**	11
2.1	Geschichtlicher Überblick	11
2.2	Terminologie	13
2.3	Agonisten und Antagonisten	14
2.4	Chemie und Struktur-Wirkungs-Beziehungen	19
3	**Allgemeine Eigenschaften von Opioiden**	22
3.1	Pharmakokinetische Vorüberlegungen	22
3.2	Pharmakodynamische Wirkungen	25
	– Analgesie	26
	– Atmung, antitussiver Effekt, Rigidität	29
	– Herz-Kreislauf-System	35
	– Verdauungs- und Ausscheidungsorgane	38
	– Andere Opioidwirkungen (ZNS, Uterus, Plazenta u. a.)	42
	– Toleranz und Abhängigkeit	45
3.3	Arzneimittelinteraktionen	48
3.4	Rückenmarknahe Applikation	50
4	**Opioidagonisten**	56
4.1	Morphin	56
4.2	Heroin	59
4.3	Hydromorphon	60
4.4	Oxycodon	60

4.5	Oxymorphon	62
4.6	Codein, Dihydrocodein und Hydrocodon	62
4.7	Methadon	64
4.8	Dextromoramid	66
4.9	Propoxyphen	67
4.10	Piritramid	68
4.11	Pethidin	68
4.12	Andere Phenylpiperidine (Phenoperidin, Alphaprodin, Ketobemidon)	71
4.13	Fentanyl	73
4.14	Alfentanil	77
4.15	Sufentanil	79
4.16	Carfentanil und Lofentanil	80
4.17	Tilidin	80
4.18	Tramadol	82
5	**Opioidanalgetika mit agonistisch-antagonistischem Wirkungsprofil**	**84**
5.1	Pentazocin (Phenazocin, Cyclazocin, Bremazocin)	84
5.2	Dezocin	87
5.3	Butorphanol (Levorphanol, Dextrorphan)	88
5.4	Nalbuphin (Nalorphin)	90
5.5	Buprenorphin (Etorphin)	92
5.6	Meptazinol, Profadol und Propiram	94
6	**Opioidantagonisten**	**97**
6.1	Levallorphan	98
6.2	Naloxon	98
6.3	Naltrexon	100
7	**Symptome und Behandlung einer akuten Intoxikation mit Opioiden**	**101**
	Literatur	**103**

1 Einführung in Anatomie und Physiologie des Schmerzes

1.1 Nozizeption

Schmerz entsteht als Folge mechanischer, thermischer oder chemischer Schädigung des Gewebes. Hinter dieser einfachen Feststellung verbergen sich ganz unterschiedliche klinische Ursachen wie z. B. Verletzungen, Ischämie, Spasmen der glatten bzw. quergestreiften Muskulatur oder die Dehnung von Blutgefäßen an der Hirnbasis.

Im Gegensatz zu den optischen, akustischen, olfaktorischen oder taktilen Sinnesorganen ist es bislang noch nicht gelungen, ein eindeutiges, anatomisch-histologisch definiertes Substrat zu finden, das als *Schmerzrezeptor* klassifiziert werden könnte. Die als *Nozizeptoren* bezeichneten Sensoren stellen vielmehr ein im ganzen Organismus verbreitetes Geflecht von freien Nervenendigungen dar, die besonders reichlich im Bindegewebe und entlang der Blutgefäße vorhanden sind. Sie reagieren sehr empfindlich auf Änderungen des lokalen Gewebsmilieus, wobei eine ganze Reihe von Substanzen zur Auslösung von Generator- und Aktionspotentialen Anlaß geben. Zu den bekanntesten gehören H^+- und K^+-Ionen, Acetylcholin, Histamin, Serotonin und Bradykinin, deren Injektion regelmäßig Schmerz verursacht. Man weiß seit langem, daß derartige Stoffe bei traumatischem, ischämischen oder entzündlichem Gewebsuntergang vermehrt freigesetzt werden und bezeichnet sie deshalb oft auch als *endogene algetische Substanzen*. Die Empfindlichkeit, mit der Nozizeptoren auf solche *algetische Mediatoren* reagieren, wird durch eine weitere Gruppe von Gewebshormonen, den Prostaglandinen, gesteuert. Bei hohen lokalen Prostaglandinkonzentrationen ist die Ansprechschwelle deutlich erhöht, während sie unter dem Einfluß von Prostaglandinsynthesehemmern herabgesetzt wird. Dieser Effekt stellt die Basis für die Therapie mit den sog. antipyretisch-antiphlogistischen Analgetika dar.

Die in den Nozizeptoren ausgelösten Signale werden über *afferente Schmerzfasern* zum Hinterhorn des Rückenmarks geleitet. Je größer das traumatisierte Gewebsareal und je ausgeprägter die begleitende Entzündung ist, desto intensiver fallen die Schadensmeldungen aus (Frequenzmodulation der Aktionspotentiale).

2　1 Einführung in Anatomie und Physiologie des Schmerzes

Ein peripherer Nerv besteht aus Tausenden von Fasern, die sich nach ihrer Leitungsgeschwindigkeit einteilen lassen. Diese ist in der Regel um so höher, je größer der Faserdurchmesser ausfällt; dicke Nervenfasern (Aβ, Aδ) sind dabei von einer Myelinschicht umgeben, die von den Schwann-Zellen gebildet wird.

Tabelle 1. Nervenfasern und Leitungsgeschwindigkeiten

Fasertyp	Faserdurchmesser (μm)	Leitungsgeschwindigkeit (m/s)
Aβ	5 – 15	30–100
Aδ	1 – 5	6– 30
C	0,25 – 1,5	1– 2,5

Die nicht myelinisierten C-Fasern stellen in den meisten peripheren Nerven das Hauptkontingent dar; auch die sympathischen Efferenzen gehören vornehmlich zur C-Klasse. Schmerzreize laufen über Aδ- und C-Fasern, während Aβ-Fasern vornehmlich mit Mechanorezeptoren in Verbindung stehen. Etwa 50 % der afferenten Fasern eines Hautnervs sind nozizeptiv.

1.2 Neurotransmitter

Die Zellkörper der zum Rückenmark laufenden afferenten Fasern sind in den Spinalganglien lokalisiert. Hier wird ein Neurotransmitter (Substanz P, ein Oligopeptid) gebildet, der durch axonalen Transport zu den Synapsen im Hinterhorn gelangt und dort als erregender Überträgerstoff wirkt. Nach Maßgabe der eingehenden Aktionspotentiale wird Substanz P in den synaptischen Spalt zum zweiten Neuron ausgeschüttet und veranlaßt so eine Umschaltung der nozizeptiven Impulse auf die im Rückenmark zentralwärts ziehenden Bahnen.

Die graue Substanz des Rückenmarks wurde 1954 histologisch und funktionell von Rexed in verschiedene konzentrische Zonen (*Laminae*) eingeteilt; im Hinterhornbereich unterscheidet man 6 solcher Laminae, von denen die Nummern II und III die *Substantia gelatinosa*, IV, V und VI den *Nucleus proprius* bilden. Aδ- und C-Fasern enden beide in der Substantia gelatinosa, Aδ-Fasern aber auch in Lamina V. Letztere ist deshalb von besonderer Bedeutung, weil hier auch absteigende (retikulospinale) Hemmfasern enden (s. unten).

Die Wirkung von Substanz P bei der Impulsübertragung von den afferenten Schmerzfasern auf das 2. Neuron wird prä- und postsynaptisch durch zahlreiche weitere Neurotransmitter moduliert. So sind z.B. Cholecystokinin oder Somatostatin beteiligt; auch Noradrenalin und Serotonin spielen eine wichtige Rolle. Für die aus der Peripherie einlaufenden Impulse wirken sie vornehmlich als Verstärker von Substanz P, während körpereigene Opioide (*Endorphine*) die Transmission bereits auf Rückenmarkebene hemmen, indem sie z.B. präsynaptisch die Freisetzung von Substanz P blockieren und/oder die postsynaptische Membran stabilisieren (s. unten).

1.3 Schmerzleitung

Bei der Weiterleitung der Signale zum Gehirn ist im wesentlichen zwischen 2 Bahnsystemen zu unterscheiden. Im *Hinterstrang* verlaufen Hinterwurzelfasern, die nicht an Neuronen der umgebenden Rückenmarksegmente enden, sondern unumgeschaltet ab- oder aufsteigen. Die absteigenden Fasern gehören zum Eigenapparat des Rückenmarks (Endigung an Schaltzellen der Hintersäule sowie an motorischen Vorderhornzellen). Die aufsteigenden Fasern bilden die eigentliche Hinterstrangfernleitung. Sie enden in der Medulla oblongata, wo das 2. Neuron liegt; der weitere Verlauf geht zum Kleinhirn und zum Thalamus. Das aufsteigende Hinterstrangsystem dient hauptsächlich der Leitung von epikritischer Sensibilität. Es ermöglicht eine genauere Unterscheidung der Reize nach ihrer Lokalisation, Entstehungsart und Beschaffenheit. Demgegenüber verlaufen im *Vorderseitenstrang* Fasern, die die primitiven Druck-, Berührungs-, Schmerz- und Temperaturempfindungen leiten (protopathische Sensibilität). Ursprungszellen sind die großen Hinterhornzellen, an denen die oben besprochene synaptische Übertragung stattfindet. Ihre Neuriten kreuzen zum großen Teil durch die Commissura alba auf die Gegenseite und ziehen dort aufwärts. Je nach Zielstruktur im Gehirn unterscheidet man einen Tractus spinoreticularis (zur Formatio reticularis des Rauten- und Mittelhirns), einen Tractus spinotectalis (zum Mittelhirndach) sowie einen Tractus spinothalamicus (zum Thalamus).

Weiterhin sind aber auch noch vielfältige Verbindungen im Rahmen *spinaler Reflexbögen* zu erwähnen, mit denen ins Rückenmark einlaufende afferente Impulse im gleichen Segment bzw. eng angrenzenden Bereichen auf efferente Nerven umgeschaltet werden. Sie sind die Basis für die sehr schnellen motorischen oder vegetativen Reaktionen auf einen Schmerzreiz, die nur sekundär einer zentralen Kontrolle unterliegen („Fluchtreflexe"). Über *Kollateralen* erhalten die primär nozizeptiven Fasern ferner einen erst schlecht definierbaren Informationszustrom von anderen Sinnesmodalitäten (wie z. B. Berührung, Bewegung, Temperatur) und vegetativen Afferenzen, die zum einen dazu beitragen, die Lokalisation schmerzhafter Reize zu erleichtern, zum anderen aber auch Anlaß für unspezifische „nozizeptive" Reaktionen geben können, ohne daß ein eigentlicher Schmerzstimulus vorliegt.

Erst in den letzten Jahren ist schließlich die besondere Bedeutung von synaptischen Verbindungen im Hinterhorn des Rückenmarks (vornehmlich in Lamina V) erkannt worden, die von *absteigenden Schmerzhemmbahnen* gebildet werden. Hierbei handelt es sich um efferente Leitungssysteme, deren Ursprung in Zellen des Stamm- und Mittelhirns liegen. Eines geht vom Nucleus gigantocellularis der Medulla oblongata aus und benutzt Noradrenalin als synaptischen Übertragerstoff (intrathekale Applikation von Noradrenalin hemmt aus diesem Grunde nozizeptive Reaktionen, während der α-Blocker Phentolamin die Wirkung aufhebt). Ein anderes stammt aus dem Gebiet des periaquäduktalen Graus und des Nucleus raphe magnus; hier ist wahrscheinlich Serotonin der Transmitter. Funktionell sind die absteigenden Hemmbahnen als efferente Schenkel zentral ausgelöster Schmerzreflexe anzusehen. Wie die bereits erwähnten Mechanismen der spinalen Schmerzhemmung über lokal vorhandene Endorphine tragen sie mit dazu bei, den Einstrom weiterer nozizeptiver Impulse in die aufsteigenden (afferenten) Schmerzbahnen zu vermindern, indem sie das „Tor" für die aus der Peripherie einlaufenden Meldungen verengen bzw. sogar schließen. Vermutlich modulieren sie dabei auch den spinalen Endorphinhaushalt.

1.4 Schmerzverarbeitung

Das Axon des 2. Neurons in der Schmerzbahn kreuzt also in der Regel auf die Gegenseite, steigt im Vorderseitenstrang zum Dienzephalon und endet vorwiegend an verschiedenen Thalamuskernen, von denen die ventroposterioren und medialen die größte Bedeutung besitzen. Auf dem Weg dorthin bilden sich zahlreiche (meist polysynaptische) Kollateralen zur Formatio reticularis des Hirnstamms, wo zentrale *Atmungs- und Kreislaufreflexe* ausgelöst sowie die absteigenden Schmerzhemmbahnen aktiviert werden. Durch Stimulation des aufsteigenden retikulären Aktivierungssystems (ARAS) beeinflußt der Schmerz ferner den *Wachheitsgrad*. Vom Thalamus aus bestehen weitere Verbindungen der Schmerzbahn mit dem limbischen System und dem Hypothalamus. Hierdurch erklären sich u. a. die vielfältigen *vegetativen und endokrinen Reaktionen*, die den Schmerz üblicherweise begleiten. In Thalamus entspringt schließlich das klassische 3. Neuron der

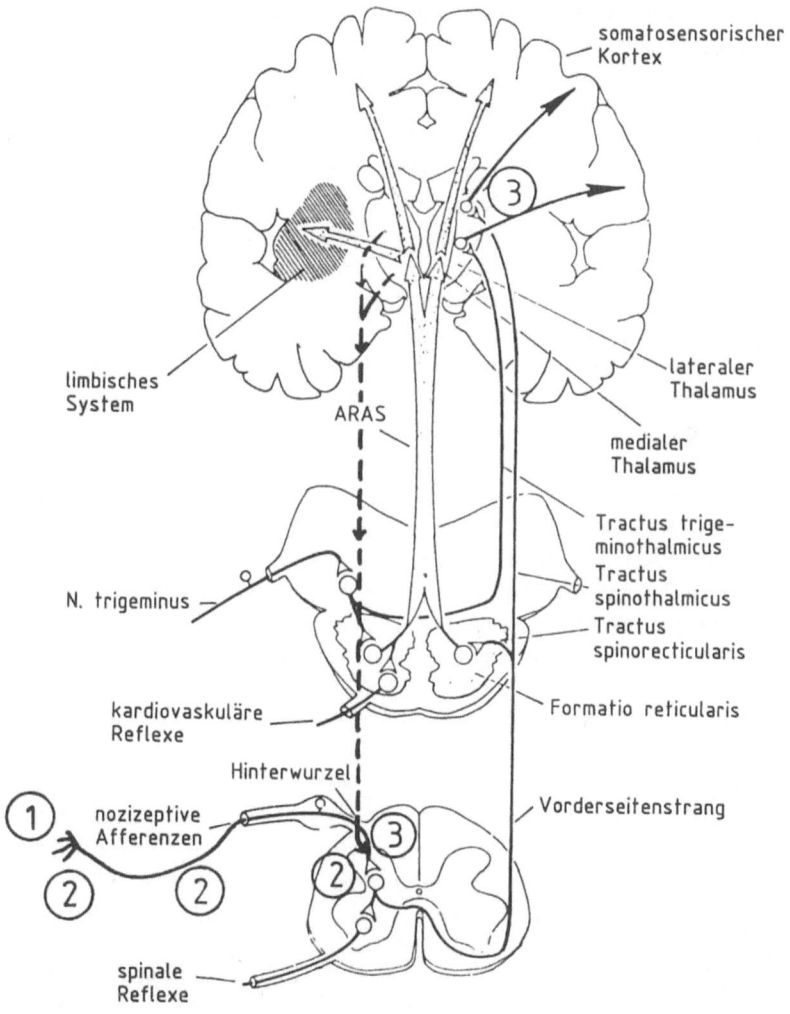

Abb. 1. Physiologische Schmerzbahn mit Angriffsorten schmerztherapeutischer Maßnahmen, mod. nach [829]; *(1)* antipyretisch-antiphlogistische Analgetika, *(2)* Lokalanästhetika, *(3)* zentral wirkende Analgetika, z. B. Morphinabkömmlinge

Schmerzbahn, dessen Axone sowohl zu *Projektionsgebieten* im Gyrus postcentralis als auch zu *Assoziationsarealen* in den Präfrontal- und Temporallappen ziehen. Während die erstgenannten vornehmlich der Lokalisation schmerzhafter Reize in Raum und Zeit dienen, tragen letztere im wesentlichen zur affektiven Bewertung des Schmerzes bei; sie spielen ferner eine wichtige Rolle bei Gedächtnisbildung und Erinnerung. Diese und viele andere, weniger gut verstandene Verschaltungen zwischen Mittel-, Zwischen- und Großhirn sind der Grund dafür, warum Schmerz oft eher als ein unangenehmer emotioneller Zustand denn als einfache Sinnesmodalität angesehen wird. Sie erklären andererseits aber auch, warum ein definierter Schmerzreiz von verschiedenen Personen oft völlig unterschiedlich erlebt wird (*individuelle Variabilität*). Aus dem klinischen Alltag wissen wir nur zu gut, daß gelegentlich schwerste Verletzungen und große Operationen im Thorax- oder Abdominalbereich nur mäßige Schmerzen nach sich ziehen, während „kleine" Eingriffe wie Meniskektomien oder Mandeloperationen einzelne Patienten ganz erheblich belasten. Und schließlich machen sie verständlich, daß manche Medikamente mit primärem Angriff am limbischen System oder an den Assoziationsbahnen bzw. -gebieten, die man üblicherweise gar nicht als Analgetika klassifiziert, bei bestimmten Schmerzsymptomen und -syndromen therapeutisch nützlich sein können.

1.5 Opiatrezeptoren und endogene Opiate

Eine pharmakologische Blockade der Schmerzleitung und -verarbeitung ist mit ganz unterschiedlichen Substanzgruppen möglich. Die antipyretisch-antiphlogistischen Analgetika senken vorwiegend die Empfindlichkeit der Nozizeptoren; Lokalanästhetika unterbrechen die Impulsleitung (Abb. 1).

Lange Zeit wurde die Eigenschaft von Morphin und seinen Derivaten, die komplexe emotionelle Schmerzerfahrung zu modifizieren, als wesentlich herausgestellt: der positive Einfluß auf Angst und Leiden kann die Fähigkeit des Patienten erhöhen, Schmerz zu ertragen. Ursächlich wurden hierfür Auswirkungen auf die Balance zerebraler biogener Amine verantwortlich gemacht. So konnte z. B. gezeigt werden, daß „Analgesie" mit Veränderungen der cholinergen Aktivität in bestimmten Hirnabschnitten einhergeht und daß Morphin in gewissen Nervenendigungen die Freisetzung von Acetylcholin hemmt, was vermutlich auch für die Dämpfung der gastrointestinalen Aktivität eine Rolle spielt.

Einen entscheidenden Schritt auf dem Weg zum besseren Verständnis von Opiatwirkungen stellte Mitte der 70er Jahre die Beobachtung dar, daß

1.5 Opiatrezeptoren und endogene Opiate

sich radioaktiv markierte Morphinderivate in definierten Abschnitten des zentralen Nervensystems anreicherten, also offensichtlich an spezifischen Bindungsstellen festgehalten wurden. Solche Areale waren z. B. Frontal- und Temporallappen der Großhirnrinde, der Nucleus amygdalae des limbischen Systems, die medialen Thalamuskerne, das aquäduktale Grau, die Umgebung des 4. Ventrikels einschließlich der Area postrema oder die Substantia gelatinosa im Hinterhorn des Rückenmarks. All diese Strukturen spielen bei physiologischen Reaktionen eine Rolle, deren Beeinflussung durch Opiate klinisch gut bekannt war: also etwa Emotionen, Schlaf, Atmung, Erbrechen – und Schmerz. Spezifische Bindungsstellen (*Rezeptoren*) waren seinerzeit bereits für einige andere Medikamentengruppen nachgewiesen. Auf der anderen Seite erfüllten alle klinisch gebräuchlichen Opiate die klassischen Bedingungen an eine rezeptorspezifische Bindung, nämlich:

– *Stereospezifität* (bei optisch aktiven Substanzen besitzt praktisch nur das L-Enantiomer pharmakologische Aktivität),
– *Sättigungskinetik* (wegen der endlichen Zahl von Rezeptoren ist bei einer Dosissteigerung der Zuwachs spezifischer Effekte begrenzt (s. unten: „ceiling effect") und
– *Antagonisierbarkeit*.

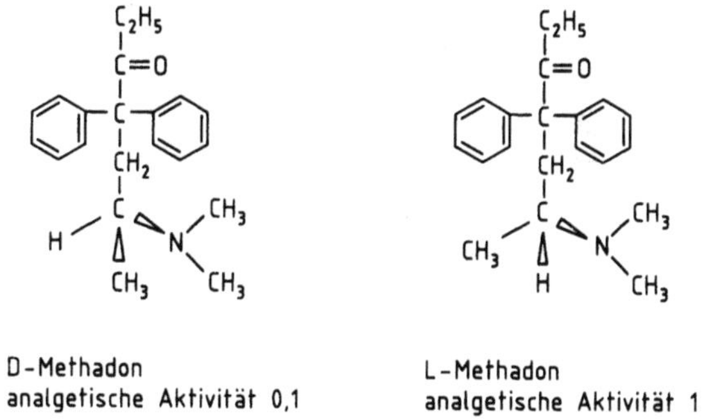

D-Methadon
analgetische Aktivität 0,1

L-Methadon
analgetische Aktivität 1

Abb. 2. Optische Enantiomere von Methadon; die analgetische Potenz des D-Isomeren beträgt nur 2–10 % des Isomeren

Der Nachweis von Opiatrezeptoren warf natürlich die Frage auf, zu welchem Zweck der Organismus sich derartige spezifische Bindungsstellen leistet. Bereits 1975 konnten Hughes und Mitarbeiter an Gewebspräparaten zeigen, daß bestimmte Hirnextrakte die Effekte von Morphin nachzuahmen vermögen und daß dafür 2 Pentapeptide (Methionin- bzw. Leucin-*Enkephalin*) verantwortlich waren. Diese Entdeckung führte zur stürmischen Entwicklung eines neuen Wissenschaftszweiges, die bis heute noch längst nicht abgeschlossen ist [12, 69, 763]. In der Folge wurde eine Vielzahl von Proteinen, Poly- und Oligopeptiden mit opiatartigen Eigenschaften isoliert, von denen jeweils eine spezifische Bindung an die Opiatrezeptoren nachgewiesen werden konnte. Eins der bekanntesten ist β-*Endorphin*, das in seinen 91 Aminosäuren auch die typische Enkephalinsequenz aufweist; ein weiteres das *Dynorphin*. Die zerebrale Verteilung von Enkephalinen und Endorphi-

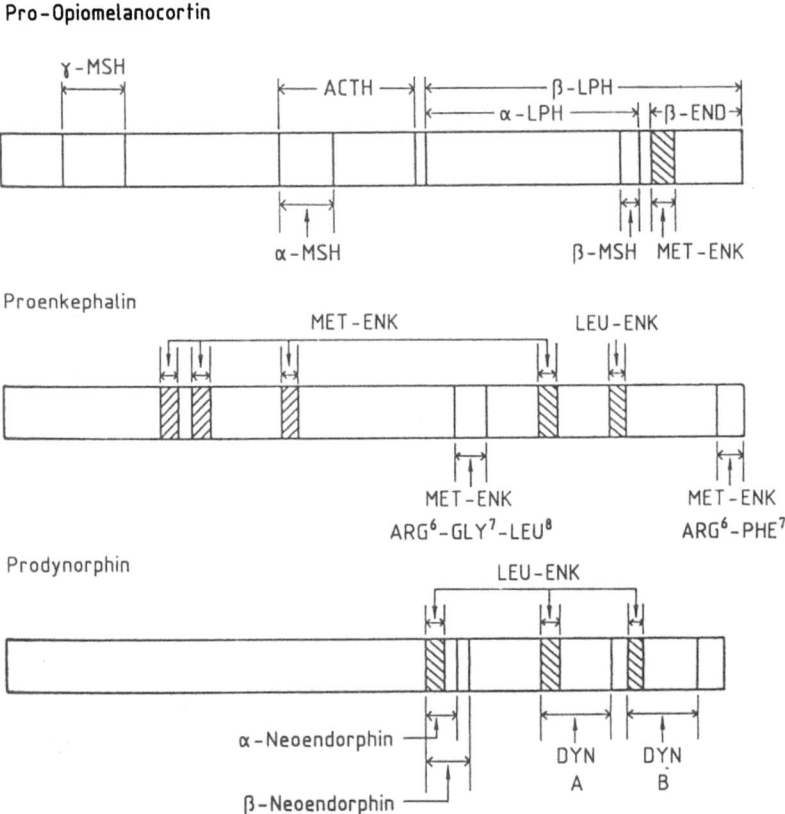

Abb. 3. Schematische Darstellung der Proteinstrukturen von endogenen Opioiden und ihrer Vorläufer. (Aus [349]). (*LPH* lipotropes Hormon; *ENK* Enkephalin; *DYN* Dynorphin, *END* Endorphin)

1.5 Opiatrezeptoren und endogene Opiate

nen weicht in manchen Punkten erheblich voneinander ab; so sind Endorphine im Gehirn vornehmlich im Hypothalamus und auch in der Hypophyse vertreten, und nur die Enkephaline folgen der bekannten Lokalisation der Opiatrezeptoren. Auch hinsichtlich der Biosynthesewege bestehen Unterschiede. Man nimmt heute an, daß Enkephaline als Fragmente eines größeren Vorläuferproteins (des Proenkephalin) gebildet werden, während sich Endorphine aus dem Proopiomelanocortin abspalten, das im übrigen wohl auch die Ausgangsverbindung für andere Proteohormone wie MSH, Lipotropin oder ACTH darstellt (Abb. 3).

Enkephaline erfüllen nach unserem derzeitigen Wissensstand alle Anforderungen an einen klassischen Neurotransmitter [718]. Ihre regionale Verteilung entspricht der der zugehörigen Rezeptoren. Sie werden schnell in vitro durch spezifische Carboxypeptidasen hydrolysiert, deren Wirkung andererseits durch spezifische Inhibitoren aufgehoben werden kann. In der Hoffnung, die „*körpereigenen Opiate*" auch therapeutisch nutzen zu können, wurden synthetische Derivate mit einer längeren Halbwertszeit hergestellt – allerdings mit nur mäßigem Erfolg, weil bei exogener Zufuhr ähnlich wie bei den Morphinderivaten die Entwicklung von Toleranz und sogar von Abhängigkeit nicht verhindert werden konnte. Immerhin entfalten sie – ebenso wie auch die Endorphine – in einem wirkortnahen Milieu ohne hydrolytischen Enzyme, d. h. bei intrathekaler oder intraventrikulärer Injektion, ausgeprägte und lang anhaltende analgetische Effekte. Daß erhöhte Enkephalin- oder Endorphinkonzentrationen im Liquor auch im Rahmen der Akupunktur [302, 598, 708], der transkutanen Nervenstimulation [322, 487] oder der elektrischen Reizung des periaquäduktalen Graus [640, 829] diskutiert werden, spricht ebenfalls für eine enge Beziehung dieser Substanzen mit dem schmerzverarbeitenden System.

Demgegenüber scheint die physiologische Rolle der Endorphine weitaus komplexer zu sein. Es gibt zunehmend Hinweise darauf, daß sie an der Temperaturregulation, der Steuerung von Hunger und Durst, des gastrointestinalen Tonus und der Kreislauf- bzw. Atemzentren beteiligt sind. Ferner wird ein Einfluß auf die Kontrolle extrapyramidaler Bewegungen und sogar bestimmter Verhaltensmuster angenommen; auch vermutet man, daß eine Reihe psychischer Erkrankungen mit Störungen im Endorphinhaushalt zusammenhängen.

Die Entdeckung von Opiatrezeptoren und endogenen Opiaten erweiterte unsere Vorstellungen über den Wirkungsmechanismus der zentral angreifenden Analgetika [435, 522, 716, 717, 762]. Neben der komplexen Beeinflussung affektiver Komponenten des Schmerzes ist auch ein direkter Einfluß auf die Schmerzleitung und die damit verbundenen vegetativen und endokrinen Reflexe vorhanden. Eigentlich kann man nur so verstehen, warum sich Opiate in der Anästhesie so gut verwenden lassen: ihre Wirkung erstreckt sich sowohl auf den wachen, Schmerz *leidenden* als auch auf den bewußtlosen, auf nozizeptive Reize *reagierenden* Patienten.

2 Klassifizierung von Opioiden

2.1 Geschichtlicher Überblick

Vermutlich waren die psychotropen Wirkungen von *Opium*, dem getrockneten Milchsaft der Kapseln des Schlafmohns (Papaver somniferum), schon bei den alten Sumerern bekannt, wo sie zu rituellen Zwecken angewandt wurden. Erste gesicherte Berichte findet man in den Schriften von Theophrastus im 3. Jahrhundert v. Chr.; das Wort „Opium" entspricht dem griechischen Wort für „Saft". Durch arabische Händler wurde Opium im Orient verbreitet, wo es primär zur Behandlung von Durchfallerkrankungen diente. In Europa galt es lange Zeit als zu toxisch, bevor sein Nutzen – auch zur Schmerzbehandlung und als Antitussivum – von Paracelsus (1493–1541) wieder bekannt gemacht wurde. Erst im 18. Jahrhundert kam (vornehmlich im Orient) das Opiumrauchen in Mode.

Das Naturprodukt Opium enthält, wie wir heute wissen, mehr als 20 verschiedene Alkaloide. 1806 gelang es als erstem dem deutschen Apotheker Sertürner, den wichtigsten Vertreter als Reinsubstanz darzustellen. Nach dem griechischen Gott des Schlafes und der Träume, Morpheus, nannte er sein Präparat *Morphin*. 1832 folgte die Isolierung von Codein, 1848 die von Papaverin. Seit Mitte des 19. Jahrhunderts setzte sich der Gebrauch dieser Reinsubstanzen weltweit durch.

Tabelle 2. Die wichtigsten Opiumalkaloide

Chemische Verbindungsklasse	Alkaloid	Prozentsatz im Opium
Phenanthrene	Morphin	10,0
	Codein	0,5
	Thebain	0,2
Benzylisoquinoline	Papaverin	1,0
	Noscapin	6,0

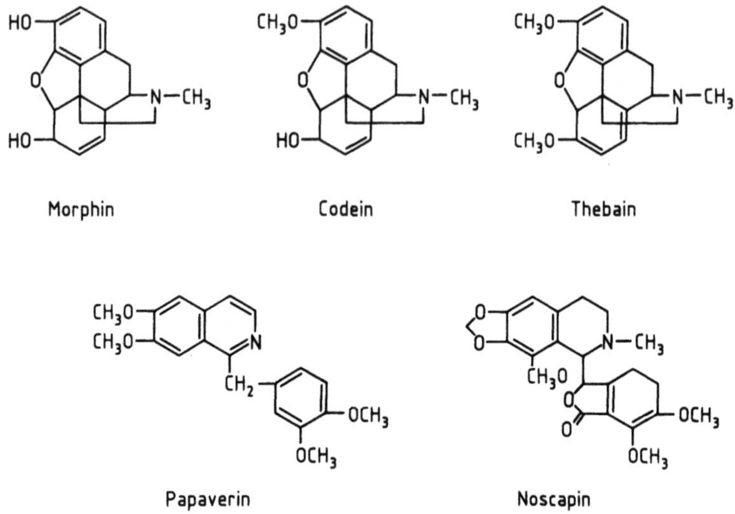

2 Klassifizierung von Opioiden

Morphin

Codein

Thebain

Papaverin

Noscapin

Abb. 4. Strukturformeln der wichtigsten Opiumalkaloide

Mit der Erfindung der Hohlnadel (1853) und der parenteralen Anwendung von Morphin verbesserte sich nicht nur die therapeutische Wirksamkeit, sondern nahm auch der Mißbrauch drastisch zu. Vor allem in den USA entstanden zunehmend Probleme, die durch den Einfluß chinesischer Opiumraucher und den großen Morphinverbrauch bei Verletzen des amerikanischen Bürgerkrieges noch akzentuiert wurden. Erst Anfang des 20. Jahrhunderts begann man damit, die freie Verfügbarkeit aufzuheben.

Obwohl Morphin im Labor synthetisiert werden kann, stellt die Isolierung aus Mohnsaft nach wie vor den einfacheren Weg dar. Schon früh versuchte man aber, durch geringfügige chemische Veränderungen des Naturprodukts *halbsynthetische Derivate* zu erzeugen, von denen man sich stärkere Effekte und ein geringeres Nebenwirkungsspektrum versprach. 1874 wurde so z. B. das Diacetylmorphin (*Heroin*) gewonnen, ironischerweise mit dem Ziel, Morphinabhängige zu behandeln. Auch Hydromorphon, Hydrocodon oder Oxycodon gehören in diese Präparategruppe.

Das Abhängigkeitsproblem förderte zudem die Suche nach neuen Medikamenten, die entweder zur Therapie Morphinsüchtiger verwandt werden konnten, oder aber – bei geringerem Suchtpotential – die Schmerztherapie sicherer machen sollten. 1951 wurde erstmals *Nalorphin* bei der Behandlung einer Morphinintoxikation eingesetzt; bald darauf stellte sich heraus, daß dieses neue Derivat bei Abhängigen Entzugserscheinungen auslösen konnte, sich andererseits aber auch als Analgetikum zur postoperativen Schmerztherapie eignete. Wegen ausgeprägter psychotomimetischer Nebenwirkungen (Angst, Dysphorie, Halluzinationen) wurde Nalorphin aber bald abgelöst durch andere *Agonist-Antagonisten* wie Levallorphan, Pentazocin oder Buprenorphin und ergänzt durch Präparate, die man als reine *Antagonisten* bezeichnen durfte, z. B. Naloxon oder Naltrexon.

Auf der Suche nach atropinartigen Medikamenten entdeckte man bereits 1939, daß *Pethidin*, eine Substanz aus der Reihe der Phenylpiperidine, beträchtliche analgetische Eigenschaften besitzt, obwohl eine chemische Verwandtschaft mit dem Morphin kaum erkennbar war. Synthetische Variationen führten 1962 schließlich zur Entwicklung von *Fentanyl*, das eine neue Ära *synthetischer Opiate* mit erheblich gesteigerter Potenz und relativ kurzer Wirkungsdauer einleitete.

Die bereits erwähnte Entdeckung von Opiatrezeptoren und endogener Peptide mit opiatartiger Wirkung stimulierte eine gezielte Suche nach „maßgeschneiderten" Schmerzmitteln, die sich durch besondere Affinitäten zu bestimmten Rezeptorpopulationen auszeichnen und dadurch ganz spezifische Effekte vermitteln sollen (s. unten). Fernziel ist dabei nach wie vor die Trennung erwünschter von unerwünschten Wirkungen, also z. B. die Entwicklung eines reinen Analgetikums, das weder eine Atemdepression oder eine übermäßige Sedierung verursacht noch ein Suchtpotential beinhaltet. Seit einigen Jahren werden jedoch zunehmend Stimmen laut, die sich eine Optimierung der Therapie mit zentralen Analgetika weniger von neuen Opiaten als von deren *sachgemäßer Anwendung* versprechen.

2.2 Terminologie

Der Begriff „*Opiate*" wurde ursprünglich dazu verwendet, aus Opium gewonnene natürliche oder davon abgeleitete halbsynthetische Derivate zu bezeichnen. Durch die Entwicklung vollsynthetischer Medikamente mit einem dem Morphin vergleichbaren Wirkungsspektrum setzte sich allmählich der Begriff „*Opioide*" durch, der alle natürlichen und synthetischen Medikamente mit morphinartigen Eigenschaften beinhaltet. Der weitverbreitete Sprachgebrauch, nach dem die Termini Opiat und Opioid synonym verwendet werden können, wird auch im vorliegenden Buch beibehalten. Neuerdings verwenden manche Autoren den Opioidbegriff noch weiter gefaßt für alle Substanzen, die spezifisch mit Opiatrezeptoren reagieren. Nach dieser Definition gehören also auch die Antagonisten und die endogenen Peptide mit morphinartigen Eigenschaften zu den Opioiden. Demgegenüber gilt der im angelsächsischen Sprachraum immer noch häufig zu findende Begriff „narcotic" oder „narcotic analgesic" als obsolet, weil die vom griechischen Wort für Stupor oder Schlaf abgeleitete Bezeichnung Wirkungskomponenten in den Vordergrund stellt, denen klinisch eine nur vernachlässigbare Bedeutung zukommt.

2.3 Agonisten und Antagonisten

Das bei Klinikern heute gebräuchlichste Klassifikationsschema für Opioide bezieht sich auf Vorgänge auf der Ebene der spezifischen Bindungsstellen. Es hat sich für die Diskussion von beliebigen Medikament-Rezeptor-Interaktionen als sinnvoll erwiesen, zwischen 2 grundsätzlichen Eigenschaften der jeweiligen Wirkstoffe zu differenzieren:

- *Affinität* („extrinsic activity") bezeichnet die Fähigkeit einer Substanz, sich an den Rezeptor zu binden und einen mehr oder weniger stabilen Komplex zu bilden;
- *Effektivität* („intrinsic activity") beschreibt die Fähigkeit des Medikament-Rezeptor-Komplexes, eine bestimmte pharmakologische Wirkung hervorzurufen.

Als vereinfachte Schlußfolgerung ergibt sich hieraus, daß 2 Substanzen mit einer vergleichbaren Affinität zum Rezeptor zwar ähnlich stabile Medikament-Rezeptor-Komplexe bilden können, wobei klinisch jedoch lediglich die Komponente mit einer hohen „intrinsic activity" (ein *Agonist*) in Erscheinung tritt. Auf der anderen Seite kann ein Pharmakon mit großer Affinität zum Rezeptor, aber fehlender „intrinsic activity", einen Agonisten nach dem Massenwirkungsgesetz vom Rezeptor verdrängen und somit dessen pharmakologische Wirkungen aufheben; ein solches Präparat verhält sich als *Antagonist*. Natürlich sind auch Substanzen denkbar, deren „intrinsic activity" (bei vergleichbarer „extrinsic activity") unterschiedlich stark ausgeprägt sind. Pharmaka, deren Maximaleffekt geringer ausfällt als der eines „idealen" Agonisten, die aber dennoch gut an den Rezeptor binden, werden konsequenterweise als *Agonist-Antagonisten* bezeichnet, während viele Autoren unter *Partialagonisten* nur solche Substanzen verstehen, bei denen Effektivität und Affinität gleichsinnig vermindert sind [496]. Es ist leicht einsehbar, daß durch solche substanzspezifischen Ausprägungen der „extrinsic" und „intrinsic activity" ein ganzes Spektrum von Medika-

2.3 Agonisten und Antagonisten

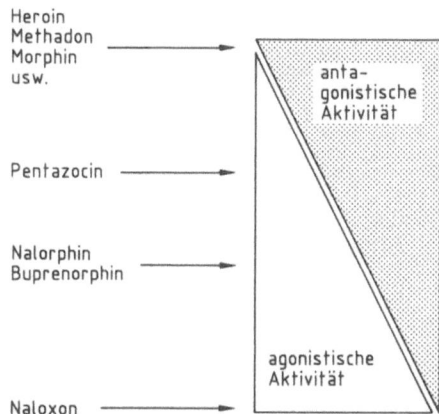

Abb. 5. Agonistische und antagonistische Eigenschaften einiger Opioide. (Aus [784])

menten entstehen muß. Ein vereinfachtes Schema für die Opioide ist in Abb. 5 wiedergegeben.

Nach der Einführung von Nalorphin (1951) und Levallorphan (1956) wurde jedoch bald klar, daß zur Erklärung der vielfältigen Effekte und Interaktionen ein einziger Opiatrezeptor nicht ausreichte. So fiel etwa auf, daß sich das Spektrum der agonistischen Wirkungen nur z. T. mit denen des Morphins deckte und daß sich auch die antagonistischen Eigenschaften auf unterschiedliche Wirkungskomponenten bezogen. Solche Diskrepanzen und die Beobachtung, daß verschiedene neuere Opioide charakteristische, voneinander abweichende Abhängigkeitssymptome verursachten, veranlaßte als erste Martin et al. [494, 496, 497], die Existenz von wenigstens 2 Rezeptorpopulationen zu fordern. Aufgrund von Bindungsstudien mit körpereigenen und exogenen Opioiden ist man heute jedoch der Auffassung, daß es mindestens 8 solcher Rezeptortypen gibt, von denen einige bereits in Unterklassen aufgeteilt werden können. Es gibt gute Argumente (wenngleich noch keine sichere klinische Evidenz) für die Annahme, daß die „typischen" Opiateffekte über unterschiedliche Rezeptorarten vermittelt werden [421, 471, 497, 573, 574, 614, 718, 721, 779]. Solche Schlußfolgerungen beruhen z. B. auf einer mehr oder weniger charakteristischen Verteilung der verschiedenen Opiatrezeptorpopulationen im zentralen Nervensystem. Auch die pharmakologischen Eigenschaften neuerer Substanzen, die sich durch eine besonders hohe Affinität zu bestimmten Rezeptortypen auszeichnen, lassen Tabelle 3 plausibel erscheinen:

2 Klassifizierung von Opioiden

Tabelle 3. Klassifizierung von Opiatrezeptoren. (Nach [743])

Rezeptor-typ	Klinische Wirkungen	Agonisten	Antagonisten
μ_1	Supraspinale Analgesie	β-Endorphin Morphin	Naloxon Pentazocin
μ_2	Atemdepression Bradykardie Abhängigkeit Euphorie	Pethidin Fentanyl Alfentanil Sufentanil	Nalbuphin
δ	Modulation der μ-Aktivität	Leu-Enkephalin	Naloxon Met-Enkephalin
κ	Spinale Analgesie Sedierung Atemdepression (?) Miosis	Dynorphin Pentazocin Butorphanol Nalbuphin Buprenorphin Nalorphin	Naloxon
σ	Dysphorie Hypertonie Tachykardie Mydriasis Tachypnoe	Pentazocin Nalorphin Ketamin (?)	Naloxon

Angesichts einer solchen Klassifikation wird die Definition von Agonist-Antagonisten oder Partialagonisten noch weiter relativiert. So mag ein bestimmtes Opioid seine (schwachen oder starken) Wirkungen an einem oder mehreren Rezeptortypen entfalten, oder es erweist sich hier als Agonist, dort als Antagonist („mixed agonists" [497]). Von den „klassischen" μ-Opioiden kann angenommen werden, daß sie auch eine gewisse κ-Aktivität besitzen (sedierende Effekte setzen üblicherweise erst bei höheren Dosierungen ein als die analgetischen oder atemdepressiven). Für Pentazocin sollen die analgetischen Eigenschaften durch Interaktion mit den κ-Rezeptoren, die morphinantagonistischen am μ-Rezeptor und die psychotomimetischen durch σ-Rezeptoren vermittelt werden. Schließlich erklären sich die großen klinischen Hoffnungen, die mit der Einführung von Nalbuphin verbunden waren, durch eine Antagonisierung des atemdepressorischen (μ-)Effektes bei gleichzeitiger (κ-)analgetischer Wirkung (κ-Agonist/μ-Antagonist).

2.3 Agonisten und Antagonisten 17

Der Leser sollte sich angesichts derartig komplexer Überlegungen nicht entmutigen lassen. Zum einen muß betont werden, daß die Forschung auf diesem Gebiet noch längst nicht abgeschlossen ist; zum anderen erscheint die klinische Relevanz solcher Befunde im Moment häufig noch relativ vage. Allerdings ist nicht zu bestreiten, daß detaillierte Einsichten in Wirkungsmechanismen regelmäßig, wenn auch mit unterschiedlicher Latenz, Einfluß auf die klinische Praxis zu nehmen pflegen. Von praktischer Bedeutung ist dabei schon heute die Erkenntnis, daß das Mißbrauchpotential bei allen Opioiden mit µ-antagonistischen Eigenschaften deutlich geringer ausgeprägt ist als bei den µ-Agonisten.

Vor dem geschilderten Hintergrund ist es nicht verwunderlich, daß die den Kliniker am meisten interessierenden Fragen bisher kaum befriedigend zu beantworten sind, nämlich die nach der *relativen Wirkungsstärke* und nach *Dosis-Wirkungs-Beziehungen*. Im Grunde genommen dürfen ja nur solche Medikamente miteinander verglichen werden, die den gleichen Wirkungsmechanismus besitzen, also an der gleichen Bindungsstelle angreifen. Wegen des Rezeptorpluralismus und des unterschiedlichen Beitrags, den jede Rezeptorpopulation zum Zustandekommen eines definierten klinischen Effektes (Analgesie, Atemdepression, Sedierung usw.) leistet, ist dies für die klinisch verfügbaren Opiate jedoch (noch) nicht möglich.

In der Routine ist man wohl meist daran interessiert, wieviel „Analgesie" das betreffende Präparat in einer bestimmten klinischen Situation zu erzeugen vermag und wie stark bei einer „effektiven" Dosierung unerwünschte oder gar lebensbedrohliche Wirkungen ausgeprägt sind. Einmal abgesehen von der Schwierigkeit, Schmerz oder Analgesie (besonders beim Schmerz leidenden Patienten!) zuverlässig messen zu können, ist das Schema in Abb. 6 für praktische Überlegungen ganz gut geeignet.

Wiedergegeben sind Dosis-Wirkungs-Beziehungen für 3 hypothetische Opioide, von denen A und B am ehesten als reine Agonisten angesehen werden können, während C einen Agonist-Antagonisten darstellen soll. Wegen der endlichen Zahl von Opiatrezeptoren ist für alle Präparate mit einem Sättigungseffekt („*ceiling effect*") zu rechnen. Dieser begrenzt auch bei Dosissteigerungen regelmäßig eine Zunahme *spezifischer* Opiatwirkungen. Nicht betroffen sind natürlich Wirkungen, die nicht über Opiatrezeptoren vermittelt werden; hierzu gehören vermutlich Nausea und Emesis (Reizung der chemorezeptiven Triggerzone in der Area postrema), Histaminliberation, allergische Reaktionen und vielleicht auch die anästhetischen Effekte, die man bei extrem hohen Opiatdosen beobachten kann. Typischerweise treten Sättigungsphänomene bei Agonist-Antagonisten schon bei relativ niedrigen Dosierungen auf. Diese Eigenschaft wird insofern als sinnvoll erachtet, als dadurch bei versehentlicher Überdosierung das Auftreten lebensbedrohli-

2 Klassifizierung von Opioiden

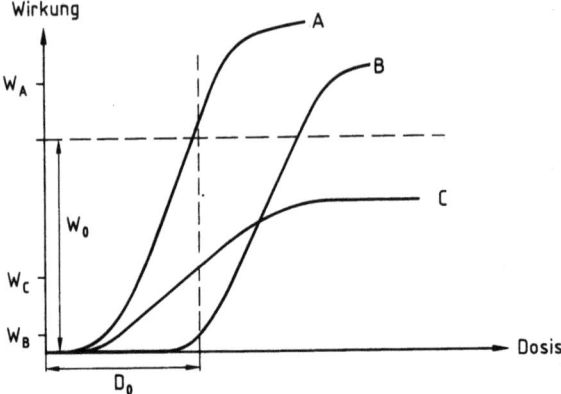

Abb. 6. Hypothetische Dosis-Wirkungs-Beziehungen von Opioiden (Erläuterungen s. Text)

cher Komplikationen, z. B. einer Atemdepression, verhindert wird. Allerdings kann nicht übersehen werden, daß aus dem gleichen Grund auch der analgetische Maximaleffekt limitiert ist.

Potenz („potency") ist definiert als Wirkung pro Dosis. Aus Abb. 6 ist abzuleiten, daß die Opioide A und C in einer Dosierung D_0 „potenter" als Substanz B sind. Unter dem Blickwinkel der *klinischen Wirksamkeit* („efficacy") sind jedoch sowohl Opioid A als auch B in der Lage, in adäquater Dosierung eine bestimmte Wirkung (W_0) zu erzeugen, während das Präparat C hierzu bereits nicht mehr fähig ist.

Es soll schließlich nicht unerwähnt bleiben, daß die Dosis-Wirkungs-Beziehungen bei manchen Agonist-Antagonisten von den in Abb. 6 skizzierten insofern abweichen, als bei sehr hohen Dosierungen die Wirkungen sogar wieder abnehmen. Ein *glockenförmiger Verlauf* wird damit erklärt, daß im niedrigen Dosisbereich agonistische, im hohen antagonistische Effekte überwiegen. Ein solches Verhalten konnte besonders eindrucksvoll für Buprenorphin nachgewiesen werden.

Klinische Aussagen über *Äquieffektivität* oder *äquipotente Dosen* sind folglich nur mit großem Vorbehalt zu interpretieren. Ein einigermaßen realistischer Vergleich der verschiedenen Opioidanalgetika muß auf einem einheitlichen Schmerzmodell (Ätiologie, Intensität, Zeitverlauf) basieren; auch muß gewährleistet sein, daß adäquate Dosierungen zur Anwendung kommen. Solchen Forderungen entspricht derzeit am ehesten die intravenöse On-demand-Analgesie in der frühen postoperativen Phase, aus deren Ergebnissen auch Tabelle 4 abgeleitet wurde.

Tabelle 4. Wirkungsvergleich verschiedener Opioidanalgetika im Rahmen der postoperativen Schmerztherapie (intravenöse On-demand-Analgesie, Beobachtungsintervall 20–24 h nach größeren abdominalchirurgischen und orthopädischen Eingriffen)

Opioid	Relative äquipotente Dosis	Mittlere Tagesdosis (mg/70 kg KG/24 h)
Sufentanil	0,004	0,17
Fentanyl	0,01	0,77
Buprenorphin	0,02	1,1
Alfentanil	0,15	8,3
Methadon	0,34	16,8
Morphin	1	49,7
Piritramid	1,02	51,1
Nalbuphin	4,75	197,4
Pentazocin	4,82	227,8
Pethidin	8,63	294,2
Tramadol	10,24	341,2

Somit spielt die beschriebene Klassifizierung in Agonisten, Partialagonisten und Agonist-Antagonisten für die mittlere Schmerzintensität nach operativen Eingriffen klinisch keine allzu große Rolle [449, 537]; es ist aber leicht einzusehen, daß bei stärkeren und/oder quälenderen Schmerzen (wie z. B. beim Vernichtungsschmerz des Myokardinfarkts oder bei bestimmten Tumorerkrankungen) eine ganz andere Relation gelten kann. Leider fehlen für derartige Krankheitsbilder zuverlässige Vergleichsstudien. Noch problematischer wird die Anwendung äqui„analgetischer" Tabellen bei bewußtlosen (anästhesierten) Patienten, weil in solchen Situationen noch nicht einmal eine sichere Unterscheidung zwischen Analgesie, Hypnose oder vegetativer Dämpfung möglich ist.

2.4 Chemie und Struktur-Wirkungs-Beziehungen

Neben einer Differenzierung der verschiedenen Opioide anhand ihrer klinisch-pharmakologischen Eigenschaften ist für die pharmazeutische Chemie eine Einteilung in bestimmte Verbindungsklassen interessant. Dabei werden strukturelle Gemeinsamkeiten deutlich, die für eine spezifische Interaktion mit Opiatrezeptoren Voraussetzung sind.

Ohne auf Details eingehen zu können, seien als wichtigste Gruppen die Derivate des Fünfringsystems Phenanthren (Morphin und die halbsyntheti-

2 Klassifizierung von Opioiden

schen Opioide; Thebainverwandte wie Buprenorphin oder Naloxon), die Morphinane (Levorphanol, Butorphanol) mit einem Vierring-, die Benzomorphane (Phenazocin, Pentazocin) mit einem Dreiringsystem und die Phenylpiperidine (Pethidin, Fentanyl und seine neueren Derivate) erwähnt. Andere gebräuchliche Opioide bilden eigene Klassen (z. B. Methadon, Tramadol), von denen sich manchmal nur eine einzige Verbindung durchsetzen konnte.

Bei den halbsynthetischen Opioiden reichen meist schon geringfügige Modifikationen der Morphinstruktur aus, um Substanzen mit einem anderen Wirkungsprofil zu erhalten. Durch Acetylierung entsteht so z. B. Heroin, während eine Methylierung zu Codein führt. Ähnlich einfache Synthesen ergeben Hydromorphon, Oxymorphon, Hydrocodon oder Oxycodon. Die Einführung von Doppelbindungen in das Morphingerüst führt zu Thebain, das selbst kaum analgetisch wirkt, dessen weitere Derivate aber die 400fache Potenz von Morphin besitzen (z. B. Etorphin). Interessant ist ferner die Beobachtung, daß die Substitution mit Allyl-, Cyclopropyl- oder Cyclobutylresten am Stickstoff in aller Regel eine Zunahme des antagonistischen Effekts vermittelt [84, 229, 354, 424, 439].

Während in den zweidimensionalen Darstellungen kaum strukturelle Gemeinsamkeiten erkennbar werden, ist aus dreidimensionalen Modellen ableitbar, daß sowohl die körpereigenen Peptide mit morphinartiger Wirkung als auch die exogen angewandten Opioide über eine ähnlich sterische Konfiguration verfügen (Abb. 7) [47, 240, 435, 766].

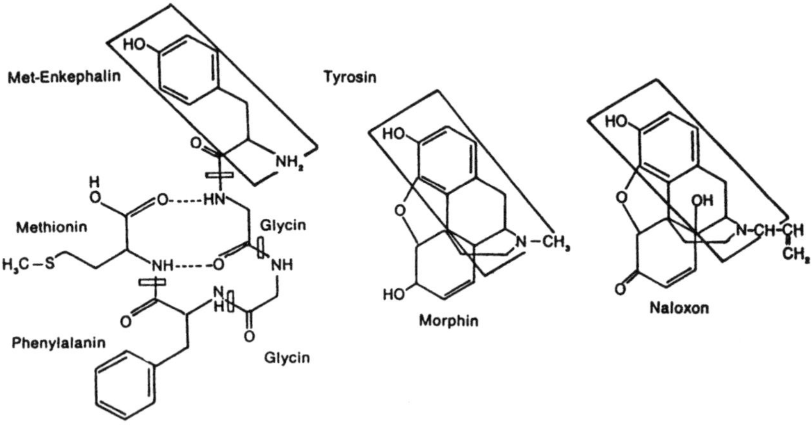

Abb. 7. Strukturelle Gemeinsamkeiten zwischen Enkephalinen, Morphin und Naloxon. (Aus [240])

2.4 Chemie und Struktur-Wirkungs-Beziehungen

Nichtsdestoweniger sind die exakten Mechanismen, die nach einer Rezeptorbesetzung zur pharmakologischen Wirkung führen, bisher kaum bekannt. Hyperpolarisation von Zellmembranen, Blockade der Freisetzung von Neurotransmittern, Beeinflussung des intrazellulären Kalium- und Kalziumtransportes, Eingriffe in den Haushalt von zyklischem AMP oder ähnliche Elementarprozesse wurden zwar nachgewiesen, ohne daß damit aber bereits ein Verständnis der komplexen Auswirkungen auf den Gesamtorganismus nachzuvollziehen wäre [41, 181, 234, 257, 704, 716].

3 Allgemeine Eigenschaften von Opioiden

3.1 Pharmakokinetische Vorüberlegungen

Die Pharmakokinetik beschreibt die Zeitabhängigkeit von Medikamentenkonzentrationen. Unter Zugrundelegung bestimmter Modellvorstellungen über Verteilungs- und Eliminationsprozesse lassen sich Parameter berechnen, mit deren Hilfe Voraussagen über Konzentrationsverläufe in verschiedenen klinischen Situationen möglich sind. Sie gestatten ferner, verwandte Pharmaka miteinander zu vergleichen und Begründungen z. B. für Unterschiede in Wirkungseintritt, Wirkungsmaximum oder Wirkungsdauer abzuleiten.

Die *pharmakokinetischen Parameter* werden entscheidend durch *physikochemische Eigenschaften* beeinflußt. Hierzu gehören etwa der Ionisationsgrad (abhängig vom pK_a), die Wasser- bzw. Lipidlöslichkeit oder das Ausmaß der Plasma- und Gewebsproteinbindung. Diese Faktoren sind durch die *chemische Struktur* vorgegeben, die ebenfalls Richtung und Ausmaß von Stoffwechselreaktionen bestimmt.

Wie bereits ausgeführt, ist die pharmakologische Wirkung von Opioiden an eine bestimmte sterische Konfiguration gebunden, die in ganz verschiedenen Verbindungsklassen vorliegen kann (z. B. bei Peptiden, hydrophilen Phenanthrenderivaten oder lipophilen Fentanylabkömmlingen). Es ist deshalb nicht verwunderlich, daß die pharmakokinetischen Eigenschaften von Substanzen mit opioidartigen Eigenschaften z. T. erheblich voneinander abweichen. In Abb. 8 ist am Beispiel der Plasma- und Gehirnkonzentrationen nach intravenöser Injektion von Fentanyl bzw. Morphin deutlich erkennbar, daß die Konzentrationsverläufe im Blut zwar einigermaßen vergleichbar sind, während sich die Gehirn- (Wirkort)konzentrationen deutlich voneinander unterscheiden: das lipophile Fentanyl ist in der Lage, die Blut-Hirn-Schranke rasch zu durchdringen, weshalb eine zeitliche Proportionalität zwischen Blut- und Wirkortspiegeln angenommen werden darf. Diese Unterstellung ist für das hydrophile Morphin jedoch nicht gerechtfertigt. (Nicht nur) aus diesem Grund ist vor einer unkritischen Gleichsetzung

3.1 Pharmakokinetische Vorüberlegungen

von Plasmakonzentrationen und pharmakodynamischer Wirkung (Analgesie, Atemdepression o. ä.) nachdrücklich zu warnen!

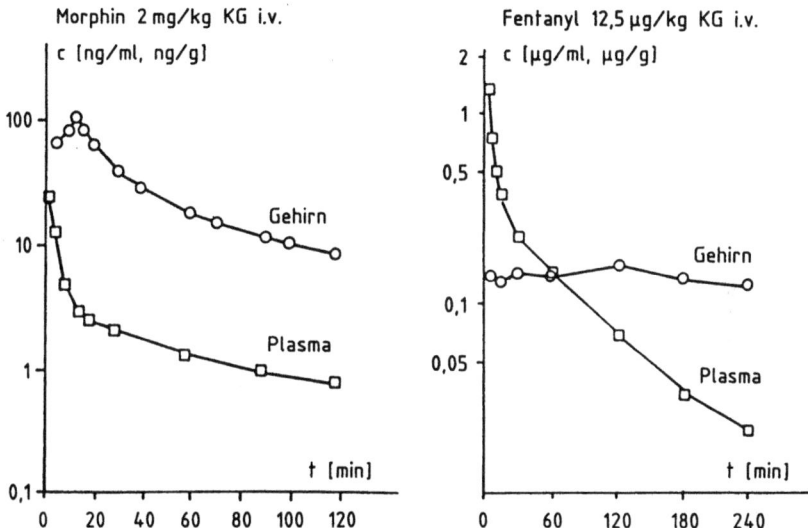

Abb. 8. Plasma- und Gehirnkonzentrationen von Fentanyl und Morphin nach intravenöser Injektion bei normoventilierten Hunden. (Aus [448])

Eine Zusammenstellung der wichtigsten physikochemischen und pharmakokinetischen Parameter für einige gebräuchliche Opioide ist in den nachfolgenden Tabellen zu finden; Besonderheiten werden bei den einzelnen Medikamenten besprochen. Insbesondere bei den Angaben über Eliminationshalbwertszeiten, Verteilungsvolumina und Clearance ist auf die beträchtliche Variabilität hinzuweisen, die in Untersuchungen verschiedener Arbeitsgruppen deutlich wurde.

Der *Wirkungseintritt* wird v. a. durch Plasmaproteinbindung, Lipidlöslichkeit und Ionisationsgrad bestimmt [332, 514]; die wichtigsten Teilprozesse sind *Absorption* (z. B. nach intramuskulärer oder periduraler Applikation), *Penetration* der Häute von Rückenmark und Gehirn (sog. Blut-Hirn-Schranke) sowie *Diffusion* durch das Nervengewebe zu den spezifischen Rezeptoren.

3 Allgemeine Eigenschaften von Opioiden

Tabelle 5. Physikochemische Eigenschaften einiger gebräuchlicher Opioide. (Nach [304, 332, 503, 504])

Opioid	pK_a	Undissoziierte Base bei pH 7,4 (%)	Plasmaproteinbindung (%)	Octanol-Wasser-Verteilungskoeffizient bei pH 7,4
Morphin	7,9	23	30	1
Methadon	9,3	1	85	116
Pethidin	8,5	7	70	39
Fentanyl	8,4	9	84	816
Alfentanil	6,5	89	92	126
Sufentanil	8,0	20	93	1754
Pentazocin	8,7		60	
Nalbuphin			35	
Buprenorphin	8,4	9	96	
Naloxon				34

Tabelle 6. Pharmakokinetische Parameter einiger gebräuchlicher Opioide; Mittelwerte aus verschiedenen Studien, bei fehlenden Gewichtsangaben unter Annahme von 70 kg KG (u. a. nach [14, 75, 98, 332, 503, 504, 633, 683, 743, 785, 816]; $t_{1/2\beta}$ Eliminationshalbwertszeit; V_d Verteilungsvolumen; Cl Clearance)

Opioid	$t_{1/2\beta}$ (h)	V_d (l/kg KG)	Cl (ml/kg KG/min)
Morphin	1,7 – 4,5	1,2 – 6,2	6,4 – 23
Hydromorphon	1,5 – 3,9	1 – 1,6	
Methadon	25 – 45	3,3 – 8,6	1,4 – 2,9
Propoxyphen	6 – 24	6 – 10	8,5 – 20,8
Pethidin	2,4 – 6,7	2,6 – 5,9	7,5 – 18
Alphaprodin	1,6 – 2,6	1,9	
Ketobemidon	2,3	1,8	9,1
Fentanyl	1,7 – 14	0,7 – 7,9	1,9 – 22
Alfentanil	1,4 – 1,6	0,4 – 1	3,2 – 8,3
Sufentanil	2,4 – 2,6	1,4 – 2,5	9,1 – 11,3
Tramadol	4,1 – 6,7	3,1	6,1 – 10
Pentazocin	2 – 5,7	2,9 – 5,6	10,4 – 19,4
Dezocin	2,8		
Butorphanol	2,5 – 4	5	38,6
Nalbuphin	2,2 – 6	2,3	15,64
Buprenorphin	2,3 – 3,1	1,4 – 2,2	13,3 – 18,9
Naloxon	1 – 4	1,8	30,1

Abgesehen von einigen Präparaten mit extrem starker Rezeptorbindung (z. B. Buprenorphin) erfolgt die *Wirkungsbeendigung* überwiegend durch *Umverteilungsmechanismen*. Es wird zu Recht darauf hingewiesen, daß in solchen Fällen der pharmakologische Effekt nachläßt, ohne daß der Wirkstoff aus dem Organismus entfernt worden ist. Nachfolgende Dosen finden deshalb die peripheren Speicher (Fett, Muskulatur usw.) zunehmend gefüllt, bis schließlich die hepatische Clearance zum wirkungsdauerbestimmenden Schritt wird. Der kontinuierliche Anstieg von Blutkonzentrationen bei nachfolgenden Applikationen wird als *Kumulation* bezeichnet und konnte z. B. für Fentanyl bei Injektionen in festen Zeitabständen sicher nachgewiesen werden [330]. Aus intra- und postoperativen Untersuchungen, bei denen Fentanyl nur bei klinischem Bedarf (also entsprechend seiner pharmakodynamischen Wirkung) angewandt wurde, geht jedoch ebenso eindeutig hervor, daß unter solchen Bedingungen Kumulation keine Rolle spielt [461]; wenn Konzentrationen hierbei dennoch ansteigen, ist konsequenterweise von *akuter Toleranz* auszugehen [29, 461, 602].

Biotransformationsreaktionen spielen – von ganz wenigen Ausnahmen abgesehen – für die Wirkungsdauer praktisch keine Rolle; sie bestimmen vielmehr die endgültige *Elimination* aus dem Organismus. Bei den meisten Opioiden fällt die *Clearance* mit etwa 10 ml/kg KG/min ziemlich ähnlich aus: meist handelt es sich nämlich um Medikamente, die von der Leber mit größtmöglicher (vom hepatischen Blutfluß bestimmter) Geschwindigkeit metabolisiert werden; Masse oder Aktivität des Leberparenchyms sind demgegenüber von relativ geringer Bedeutung. Lediglich bei Methadon verläuft die hepatische Elimination wesentlich langsamer; ihr Ausmaß wird von der Enzymkapazität der Leber bestimmt. Aus diesem Grund ist Methadon auch besonders gut oral wirksam [269]. Bei den *Stoffwechselrouten* ist meist zwischen Konjugationsreaktionen und Desalkylierungen zu unterscheiden; erstere überwiegen besonders bei Morphin und seinen halbsynthetischen Derivaten, letztere bei den synthetischen Opioiden. Renale und/oder enterale *Ausscheidung* unverstoffwechselter Opioide spielen klinisch so gut wie keine Rolle.

3.2 Pharmakodynamische Wirkungen

Opioide entfalten ein breites Spektrum pharmakologischer Wirkungen, von denen einige – je nach klinischer Situation und therapeutischer Zielsetzung – als erwünscht oder auch als unerwünscht gelten können (Tabelle 7).

3 Allgemeine Eigenschaften von Opioiden

Tabelle 7. Allgemeine Eigenschaften von Opiaten

Erwünscht	Unerwünscht
Analgesie	Toleranz
Anxiolyse	Abhängigkeit
Euphorie *	Dysphorie
Sedierung *	Übelkeit/Erbrechen
	Vagusstimulation:
	– Herz, Bronchien, Auge
	– Spasmen der Hohlorgane
	– Obstipation *
	Atemdepression *
	Hustendämpfung *

* Fallweise erwünscht oder unerwünscht.

Ihnen liegen sowohl depressive als auch exzitatorische Effekte am Nervensystem zugrunde. Üblicherweise überwiegen beim Menschen die erstgenannten (Analgesie, Dämpfung der Spontanatmung und des Hustenreflexes, Sedierung bis hin zum pharmakologisch erzwungenen Schlaf), während die letzteren (z. B. Nausea, Emesis, Dysphorie oder Miosis) von geringerer Bedeutung sind. Bei manchen Tierspezies (etwa bei Katzen oder Schweinen) dominieren jedoch die exzitatorischen Wirkungen.

Eine auffällige Eigenschaft der Opioide äußert sich darin, daß ihre Wirkungen von der Ausgangssituation des Organismus abhängen. Während therapeutische Dosierungen von Morphin (5–10 mg) bei Schmerzpatienten in der Regel zu Analgesie, nur mäßiger Sedierung und zu einer Zunahme des Wohlbefindens, manchmal auch zur Euphorie führen, ohne daß sich eine klinische Atemdepression manifestiert, überwiegen bei schmerzfreien Probanden Dysphorie, Juckreiz, Übelkeit, Apathie oder Konzentrationsschwierigkeiten, und die Dämpfung der Spontanatmung ist relativ stark ausgeprägt.

Nachfolgend werden die wichtigsten Wirkungen der Opioide im Detail behandelt, wobei Morphin als Standardsubstanz im Vordergrund steht. Besonderheiten spezieller Präparate finden sich in späteren Abschnitten.

Analgesie

Die Beeinflussung des Schmerzes stellt einen relativ spezifischen Eingriff in das sensorische System dar, weil andere Sinnesmodalitäten (Temperatur, Berührung, Sehen, Hören, Riechen) kaum beeinträchtigt werden. Die meisten Schmerzpatienten geben nach therapeutischen Morphindosierungen an, daß sie den Schmerzreiz zwar teilweise noch wahrnehmen können, daß sie

3.2 Pharmakodynamische Wirkungen

ihn aber gut tolerieren: der Schmerz wird als weniger intensiv, als weniger quälend empfunden. Eine komplette Ausschaltung ist dagegen vergleichsweise selten. Typischerweise sprechen lang anhaltende, dumpfe Schmerzen aus tieferen Geweben besser auf Morphin an als intermittierende, scharfe Reize aus oberflächlichen Strukturen; jedoch sind ausreichende Dosierungen in der Lage, Schmerz fast jeder Ätiologie und Intensität, also auch von Gallen- oder Nierenkoliken, zu beeinflussen. Allerdings werden neuropathische Schmerzen meist nur unbefriedigend gelindert.

Es wurde schon ausgeführt, daß Opioide in die *Schmerzleitung* (Unterdrückung der synaptischen Transmission, Aktivierung absteigender Hemmbahnen) als auch in die komplexen Mechanismen der *Schmerzverarbeitung* eingreifen. Somit wirken sie gleichermaßen auf die *spezifische Sinneserfahrung*, die affektive Komponente (das *Leiden*) und die daraus resultierenden *Reaktionen* (spinale und zentrale Reflexe, Verhaltensmuster).

Aus diesem Grund ergeben sich beim Versuch, das komplexe psychophysische Erlebnis „Schmerz" bzw. Analgesie zu messen (**Algesimetrie**), erhebliche Schwierigkeiten. Während die Empfindungsschwelle ziemlich gut präzisiert werden kann, ist der Toleranzbereich abhängig von früheren Erfahrungen, der Bedeutung des Schmerzes für das Individuum oder von erworbenen Bewältigungsstrategien. Unter Laborbedingungen läßt sich zwar eine relativ konstante Beziehung zwischen experimentellen Schmerzreizen und der subjektiven Antwort herausfinden [50, 92, 113, 516], doch sind solche Ergebnisse kaum auf die klinische Praxis übertragbar: Patienten können eben nicht wie Probanden den Versuch jederzeit abbrechen. Nichtsdestoweniger stehen auch für den klinischen Schmerz Meßmethoden zur Verfügung.

Grundsätzlich unterscheidet man zwischen „*objektiven*" und „*subjektiven*" Verfahren. Zu den erstgenannten gehören etwa respiratorische Parameter (z. B. Bestimmung der funktionellen Residual- oder Vitalkapazität bei Eingriffen mit schmerzbedingter Einschränkung der Spontanatmung) oder endokrinologische Untersuchungen (z. B. Messung von Katecholamin- oder Endorphinspiegeln) [644]. Kritisch ist anzumerken, daß solche Methoden zwar objektiv anwendbar, in ihrer Spezifität jedoch relativ vage sind. Möglichkeiten der subjektiven Algesimetrie sind in den nachfolgenden Tabellen 8 und 9 zusammengestellt.

Auf der einen Seite stehen die sog. *eindimensionalen Verfahren*, bei denen vornehmlich nach der aktuellen oder retrospektiven Schmerz*intensität* gefragt wird. Hinsichtlich der Aussagekraft besteht kein grundsätzlicher Unterschied zwischen den verschiedenen Formen *verbaler* oder *analoger*

Skalen, wenngleich die praktische Anwendbarkeit (insbesondere bei sedierten Patienten) unterschiedlich beurteilt werden kann [358].

Tabelle 8. Klinische Algesimetrie: subjektive Meßmethoden

- deskriptive Skalen
 („verbal rating scales", VRS)
- numerische Skalen
 („numerical rating scales", NRS)
- visuelle Analogskalen
 („visual analog scales", VAS)
- mehrdimensionale Verfahren
 (McGill Pain Questionnaire, MPQ)

Tabelle 9. Klinische Algesimetrie: Beispiel für verbal-deskriptive Skala

0	kein Schmerz	(„none")
1	geringer Schmerz	(„mild")
2	mäßiger Schmerz	(„moderate")
3	starker Schmerz	(„severe")
4	maximal vorstellbarer Schmerz	(„exhausting")

Während verbale Deskriptoren von den meisten Patienten einfacher zu verstehen sind, aber Probleme bei der statistischen Auswertung bereiten können, besitzen analoge Skalen den Vorteil eines Kontinuums (üblicherweise von *0* überhaupt kein Schmerz bis *100* maximal vorstellbarer Schmerz), das insbesondere bei der Verlaufskontrolle eine feinere Graduierung ermöglicht. Ein einfach zu bedienendes „Schmerzlineal" im Rechenschieberformat zeigt Abb. 9.

Weil die bloße Erfassung der Schmerzintensität nicht ausreicht, das Schmerzerleben befriedigend zu beschreiben, wurden die sog. *mehrdimensionalen Skalen* eingeführt, in denen auch sensorisch-diskriminative und affektiv-emotionale Komponenten erfragt werden [389, 515, 517, 611]. Obwohl ihr Nutzen bei chronischen Schmerzpatienten unbestritten ist, scheinen sie manchen Autoren für die routinemäßige Erfassung zeitlich begrenzter (z. B. postoperativer) Schmerzes zu aufwendig.

Nach den derzeitigen Vorstellungen kommt der analgetische Effekt der Opioide durch Interaktion mit spezifischen Opiatrezeptoren entlang der physiologischen Schmerzbahn zustande, wo sie die Wirkungen der körpereige-

3.2 Pharmakodynamische Wirkungen 29

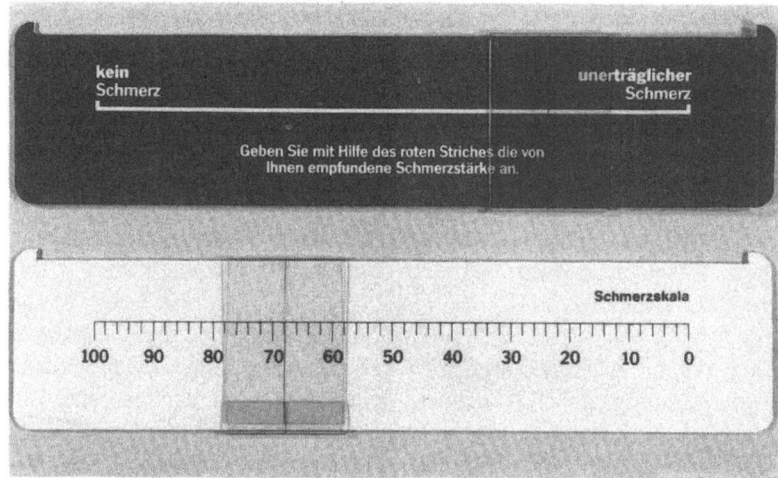

Abb. 9. „Schmerzlineal" als Beispiel für eine visuelle Analogskala (VAS)

nen Opioide nachahmen [394]. Auf Rückenmarkebene hemmen sie präsynaptisch die Freisetzung von Substanz P und stabilisieren die postsynaptische Membran des 2. Neurons. Hier greifen vermutlich auch die hemmenden Impulse an, die durch Aktivierung der periventrikulären und periaquäduktalen Kerne über die absteigenden Hemmbahnen geleitet werden. Die Wirkungen der Opioide werden offensichtlich durch zusätzliche Analgesiemechanismen ergänzt, bei denen α-adrenerge (z. B. Clonidin) und tryptaminerge Agonisten oder Histamin eine besondere Rolle zu spielen scheinen [103, 160, 365, 565, 603, 747, 819]. Über die neurophysiologischen und biochemischen Veränderungen, die Morphin im Gehirn verursacht, weiß man bisher vergleichsweise wenig. Daß die leicht hypnotischen Wirkungen zur Analgesie beitragen, ist wahrscheinlich, weil die Schmerzschwelle üblicherweise auch im physiologischen Schlaf ansteigt. Ähnliche Schwellenerhöhungen werden auch im Rahmen einer Hyperkapnie beobachtet, doch dürfte dies unter klinischen Bedingungen kaum eine Rolle spielen.

Atmung
Die Steuerung von Rhythmizität und Periodizität der Spontanatmung ist eine komplexe Funktion des Hirnstamms. Unter den sog. *Atemregulationszentren* versteht man umschriebene Kerne und diffuse Ansammlungen von Nervenzellen in der Umgebung des 4. Ventrikels und in pontinen sowie

medullären Strukturen, die als funktioneller Bestandteil der Formatio reticularis angesehen werden können. Sie stehen z. T. unter dem Einfluß höherer Hirnanteile, reagieren aber auch auf die Summe interner wie externer afferenter Reize, die ins Zentralnervensystem einlaufen [179, 218]. Die Spontanaktivität der zentralen Atemregulationszentren wird überwiegend durch chemische Mediatoren reguliert; ein Anstieg des arteriellen pCO_2 oder ein Abfall des pH-Wertes im Liquor wirken stimulierend. Es gilt heute als sicher, daß Opioide durch Interaktion mit μ_2- und vermutlich auch mit κ- und δ-Bindungsstellen die Empfindlichkeit entsprechender Chemorezeptoren herabsetzen [189, 357, 361, 394, 447, 540]. Die Folge ist eine Erniedrigung von Atemfrequenz und Zugvolumen, ohne daß die konsekutive Hyperkapnie wahrgenommen oder gar als quälend empfunden wird. Derartige Veränderungen setzen meist bereits ein, bevor analgetische oder sedierende Wirkungen auftreten; sie sind typischerweise durch Aufforderung zum Atmen kurzfristig aufzuheben (*Kommandoatmung*). Unter höheren Morphindosierungen werden auch Störungen des Atemrhythmus wie periodische (Cheyne-Stokes-)Atmung bis hin zur Apnoe manifest. Todesfälle nach Überdosierung mit Opiaten beruhen praktisch immer auf einem Atemstillstand. Von praktischer Bedeutung ist die Beobachtung, daß das noch nicht ausgereifte fetale Atemregulationszentrum besonders empfindlich gegenüber Opiaten (insbesondere Morphin) reagiert [795]; aus diesem Grund ist eine Zurückhaltung mit Morphinderivaten im Rahmen der Geburt zu empfehlen.

Obwohl in den meisten Lehrbüchern von Pharmakologie und Anästhesiologie mit Recht auf die besondere Gefahr einer möglicherweise letalen opiatbedingten Atemdepression hingewiesen wird, scheint aus klinischer Sicht eine differenziertere Betrachtung angebracht. Zum einen steht außer Frage, daß Opiate eine flache, schmerzbedingte Schonatmung verbessern können. Auch beim Lungenödem im Rahmen des Linksherzversagens ist Morphin sinnvoll, weil durch die zentrale Atemdämpfung die Auslösung des Hering-Breuer-Reflexes verzögert wird, der anderenfalls eine Ausatmung erzwingen würde, bevor ein adäquates Inspirationsvolumen erreicht ist. Zum anderen zeigen die wachsenden Erfahrungen mit relativ hohen Opiatdosen im Rahmen der On-demand-Analgesie oder der (ambulanten!) Tumorschmerzbehandlung, daß eine klinisch relevante Dämpfung der Spontanatmung nur bei *Überdosierung* auftritt. Solange bei wachen Patienten (individuelle) Dosierungen gewählt werden, die zur Therapie eines bestehenden starken Schmerzreizes erforderlich sind, ist nicht mit einer Atemdepression zu rechnen, die sich in Form niedriger Atemfrequenzen oder erhöhter p_aCO_2-Werte äußert. Der Grund für diese beruhigende Beob-

3.2 Pharmakodynamische Wirkungen

achtung liegt vermutlich in der Stimulation der Formatio reticularis durch den Schmerz. Vorsicht ist jedoch angebracht, wenn zusätzlich sedierende oder schmerztherapeutische Maßnahmen zur Anwendung kommen [295, 481] oder wenn sich unter einer zunächst problemlosen Opiattherapie der Allgemeinzustand des Patienten akut verschlechtert [154]. Die gleichen Warnungen (und Begründungen) gelten selbstverständlich für einen postoperativen Überhang intraoperativer Opiate, wenn Patienten nach einer initialen Stimulation wieder einschlafen [46]. Im deutschen Sprachraum viel zu wenig gewürdigt werden ferner die verschiedenen Formen des sog. „Schlafapnoesyndroms", bei denen die spontane Atemregulation während des physiologischen Schlafes nur unzureichend funktioniert, weshalb eine zusätzliche Opiattherapie gravierende Folgen haben kann [110, 287, 384, 428, 635, 666]. Auch im Alter ist mit einer geringeren Kompensationsbreite zu rechnen. Für die praktische Therapie resultiert letztlich die Forderung, die individuell nötigen Dosierungen durch sorgfältige Beobachtung des Patienten herauszufinden und für die erforderliche Überwachung zu sorgen. Einem Patienten im behandlungsbedürftigen Schmerz Opiate nur aus Furcht vor einer Atemdepression vorzuenthalten, ist demgegenüber ungerechtfertigt und v. a. unethisch.

Weil Opioide vorwiegend den *Atemantrieb* beeinträchtigen, sind einfache Messungen von Frequenz oder Zugvolumen erst dann zur Quantifizierung einer Atemdepression geeignet, wenn die *Kompensationsmöglichkeiten* des Organismus nicht mehr ausreichen. Gleiches gilt im Prinzip auch für andere Parameter, die das Ergebnis der Ventilation anzeigen, also z. B. endexspiratorische, arterielle oder transkutane CO_2-Partialdrucke sowie die Sauerstoffsättigung. Es sollte an dieser Stelle besonders betont werden, daß jede externe Stimulation, die ein klinisches Atmungsmonitoring begleitet, Aussagen über opiatbedingte Veränderungen verfälscht. Geeignete Methoden zur Ermittlung des Atemantriebs beruhen auf der in weiten Bereichen linearen Beziehung zwischen Atemminutenvolumen und CO_2-Partialdrucken. Zur Erstellung der sog. *CO_2-Antwortkurven* läßt man Probanden Luftgemische mit variablen CO_2-Konzentrationen atmen und bestimmt die zugehörigen Ventilationsvolumina [357, 361, 447, 621]. Die Steigung der Regressionsgeraden beschreibt die Empfindlichkeit der Atemregulationszentren, während die Lage Aussagen über die Ansprechschwelle erlaubt. Bei schmerzfreien Versuchspersonen bewirken bereits kleine Dosen von Morphin deutliche Abflachungen der Steigung sowie Rechtsverschiebungen im Sinne einer geringeren Empfindlichkeit und höheren Ansprechschwelle (Abb. 11). Ähnliche Veränderungen von CO_2-Antwortkurven sind allerdings auch im physiologischen Schlaf [230] sowie unter verschiedenen

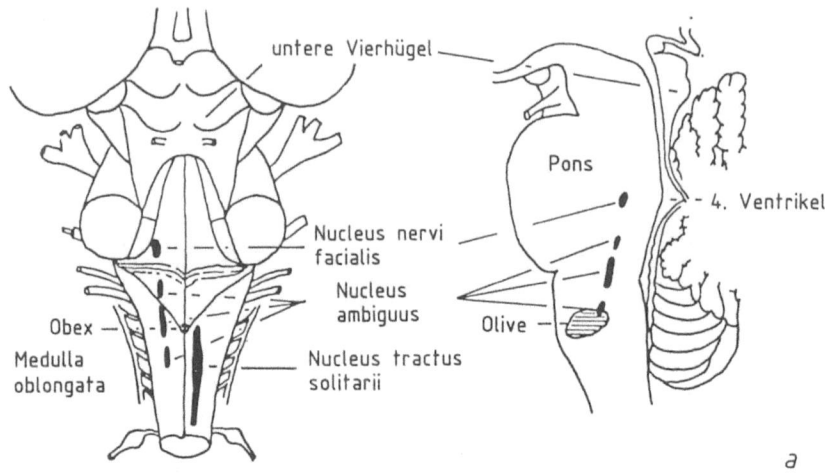
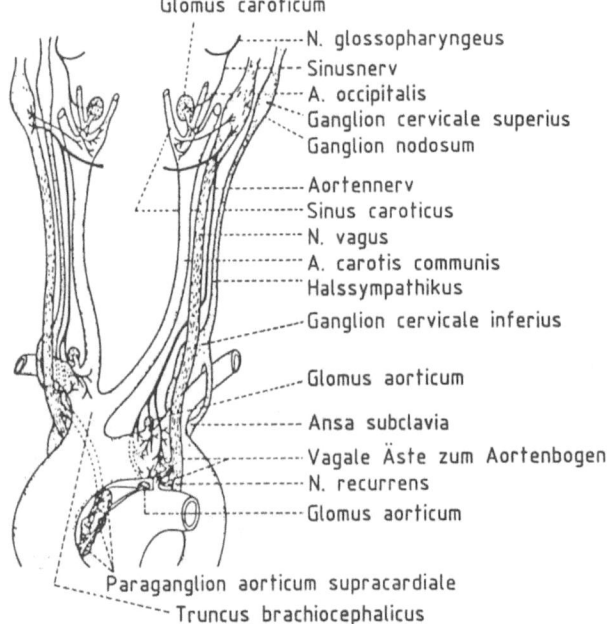

Abb. 10. Anatomische Lage der zentralen Atemregulationszentren *(a)* und der peripheren O_2-Chemorezeptoren *(b)*

3.2 Pharmakodynamische Wirkungen 33

sedierenden/hypnotischen Pharmaka zu finden, was erneut die enge Verbindung zwischen Atemdämpfung und Vigilanzniveau unterstreicht.

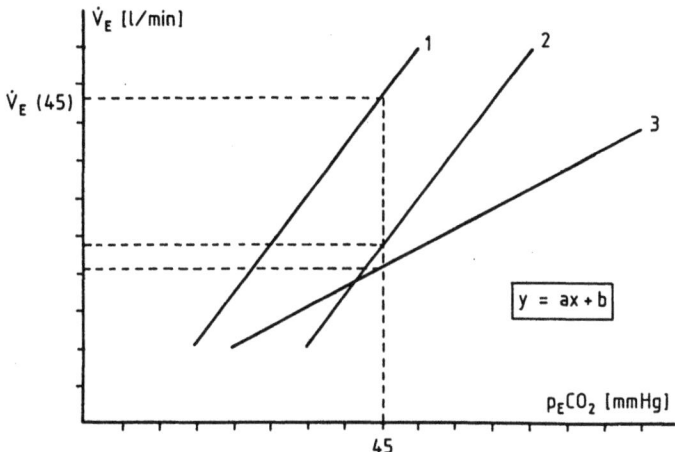

Abb. 11. Idealisierte CO_2-Antwortkurven nach Opiaten. Mißt man das Atemminutenvolumen in Abhängigkeit von exspiratorischen CO_2-Partialdruck, erhält man innerhalb gewisser Grenzen eine lineare Beziehung *(Kontrollkurve 1)*. Unter Opiaten finden sich entweder Rechtsverschiebungen *(2)* oder Kurvenabflachungen. In der Praxis sind Rechtsverschiebung und Abnahme der Steigung meist miteinander kombiniert. Zur Auswertung kann man z. B. die Steigungen der Kurven in % der Kontrolle oder das Atemminutenvolumen bei mäßiger Hyperkapnie (z. B. $\dot{V}_E(45)$) benutzen; in den letztgenannten Parameter gehen sowohl Lage als auch Steigung der CO_2-Antwortkurve ein. (Aus [448])

Da die gemessenen Ventilationsvolumina nicht ausschließlich vom zentralen Atemantrieb, sondern auch von peripheren Atemhemmnissen (Resistance, Compliance) abhängt, versucht man, mit Hilfe des sog. *Mundokklusionsdrucks* noch genauere Aussagen zu machen. Hierbei werden im Prinzip wieder CO_2-Antwortkurven bestimmt, wobei jedoch lediglich die inspiratorische Kraft für einen ganz kurzen Zeitraum während der Einatmung gemessen wird [149, 361, 492]. Aus klinischer Sicht ist bei der Wertung solcher Methoden allerdings wieder entgegenzuhalten, daß sie 1. nur mit relativ großem Aufwand und 2. nur mit einer Störung des spontanen Atemablaufs anwendbar sind, was gerade für die Erfassung von opiatbedingten Veränderungen Schwierigkeiten verursacht. Wenn weniger wissenschaftliche, sondern klinische Fragestellungen im Vordergrund stehen, ist eine nichtinvasive, möglichst kontinuierliche Überwachung der Ergebnisse der Spontanatmung vorzuziehen (z. B. Monitoring transkutaner Blutgase, Pulswellenoxymetrie). Wo immer derartige Messungen durchgeführt wurden, sprechen sie dafür, daß trotz einer opiatbedingten Dämpfung des Atemantriebs die Kompensationsmöglichkeiten ausreichen – sofern nach den oben skizzierten Therapierichtlinien verfahren wird.

Der Vollständigkeit halber sollte erwähnt werden, daß die Spontanatmung außer durch zentrale pH- und CO_2-Veränderungen zu einem gewissen Teil auch über den arteriellen O_2-Gehalt reguliert wird. Die sog. peripheren Chemorezeptoren finden sich im Glomus aorticum und caroticum (Abb. 10); sie werden von therapeutischen Opiatdosen üblicherweise nicht beeinflußt. Ihr Beitrag zur Atemregulation wird normalerweise erst dann relevant, wenn die zentralen Chemorezeptoren ausgefallen oder (durch Opiate) blockiert worden sind. Aus diesem Grunde empfehlen viele Autoren, Patienten im Rahmen einer Opiattherapie keine hohen Sauerstoffkonzentrationen anzubieten, weil damit womöglich ein hypoxischer Atemantrieb als letzte Kompensationsmöglichkeit ausgeschaltet würde. Ein interessanter Fallbericht von Lee et al. unterstreicht die Bedeutung der peripheren Chemorezeptoren in einem solchen Grenzfall, wo sie im Rahmen einer beidseitigen Karotisendarterektomie zerstört wurden [442].

Trotz aller Fortschritte der Opiatpharmakologie ist es bis heute nicht gelungen, Präparate zu entwickeln, bei denen die Atemdepression zu vernachlässigen wäre. Nach wie vor gilt die Feststellung, daß in äquianalgetischen Dosen alle Opioide ähnliche Dämpfungen der Spontanatmung wie Morphin bewirken [192]. Nichtsdestoweniger bieten die neueren Agonist-Antagonisten aufgrund des niedrigen „ceiling effect" eine gewisse Sicherheit, weil bei versehentlicher Überdosierung seltener mit letalen Ausgängen zu rechnen ist. Es bleibt abzuwarten, ob das klinische Restrisiko in Zukunft durch den Einsatz selektiver μ_1- oder κ-Agonisten deutlich vermindert werden kann.

In gewissem Sinne verbunden mit der opiatbedingten Beeinflussung der Spontanatmung ist die Unterdrückung des *Hustenreflexes*. Obwohl Morphin und verwandte Opioide antitussiv wirken, besteht jedoch keine direkte Proportionalität zur Atemdepression. Heroin oder Codein sind so z. B. deutlich wirksamer als Morphin. Zum Wirkungsmechanismus wird zumindest teilweise eine direkte Beeinflussung des Hustenzentrums in der Medulla oblongata vermutet, dessen Opiatrezeptoren aber offensichtlich weniger spezifisch und kaum naloxonempfindlich reagieren.

In hohen Dosierungen ist ferner ein Einfluß von Morphin auf die Bronchialmuskulatur nachweisbar. Unter therapeutischen Bedingungen spielt die *Bronchiokonstriktion* aber wohl kaum eine Rolle. Für die gelegentliche Aggravation eines Asthma bronchiale dürften eher allergische Mechanismen wie Histaminfreisetzung verantwortlich sein. Insgesamt wird das Risiko als geringfügig eingeschätzt, wenngleich allgemeine Übereinstimmung besteht, Opiate während eines Asthmaanfalls nicht einzusetzen. Alle Opioide dämpfen die Spontanatmung, unterdrücken den Hustenreflex, setzen mehr oder weniger Histamin frei und trocknen die Bronchialsekrete aus – eine Wirkungskombination, die in solchen Fällen möglicherweise katastrophale Folgen haben könnte.

Abschließend soll noch auf das Phänomen der *Rigidität* hingewiesen, die bei vielen Opiaten, besonders bei rascher intravenöser Injektion, zu beobachten ist. Hierbei handelt es sich um eine noch weitgehend unverstandene Zunahme des Tonus der Thorax-, Abdominal- und Skelettmuskulatur, die die pulmonale Compliance z. T. erheblich beeinträchtigt und ggf. eine assistierte Beatmung unmöglich macht [138, 235, 347, 667]. Sie ist mit Muskelrelaxanzien sicher zu durchbrechen und kann durch Vorbehandlung mit Benzodiazepinen abgeschwächt werden. Nach den derzeitigen Vorstellungen wird ein zentralnervöser Wirkungsmechanismus unter Beteiligung von Opiatrezeptoren in der Substantia nigra und im Striatum sowie von dopaminergen und GABA-ergen Neuronen vermutet [53, 189, 719]. Gleichzeitige Anwendung von Lachgas soll die Rigidität verstärken [235, 719].

Herz-Kreislauf-System
Obwohl im Tierversuch myokardiale Opiatrezeptoren nachgewiesen wurden, deren Besetzung eine kardiodepressive Wirkung von Opiatagonisten erklären könnte [776], verursacht Morphin selbst in der hohen intravenösen Dosierung von 1 mg/kg KG bei flach liegenden, normovolämischen Patienten ohne kardiovaskuläre Vorerkrankungen keinerlei bedeutsame Kreislaufreaktionen [485]. Beim Aufrichten zeigen sich allerdings meist deutliche Symptome einer *orthostatischen Dysregulation*, die gelegentlich sogar mit Synkopen einhergehen. Auch andere Untersuchungen belegen, daß die geringen Kreislaufeffekte nach Opiaten weniger durch eine direkte Beeinflussung der myokardialen Kontraktilität oder des Hochdrucksystems zustande kommen als vielmehr durch eine Dämpfung sympathischer Kompensationsmechanismen. Für den Tonusverlust peripherer Venen (*venöses „pooling"*) wird daneben allerdings auch eine α-adrenerge Blockade der glatten Gefäßmuskulatur diskutiert [326, 486, 827]. Dieser Befund, der besonders stark bei rascher intravenöser Injektion ausgeprägt ist, kann womöglich den

erhöhten Volumenbedarf bei Herzoperationen unter hohen Morphindosen erklären [729]. Durch Dilatation der venösen Kapazitätsgefäße vermag Morphin (8-15 mg i.v.) andererseits bei Patienten mit erhöhtem enddiastolischem Linksdruck die Herzfunktion zu verbessern. Bei Koronarinsuffizienz kommt es zu keiner wesentlichen Veränderung des Herzindex; und auch im akuten Myokardinfarkt sind allenfalls geringfügige, variable Veränderungen der Herzleistung mit mäßigem *Blutdruckabfall* zu beobachten [440, 693]. Lediglich das ausgeprägte Cor pulmonale gilt als Kontraindikation; bei diesen Patienten, die bereits alle verfügbaren Kompensationsmechanismen ausnutzen müssen, sind Todesfälle bereits nach den üblichen therapeutischen Dosierungen beschrieben worden [349]. Aus noch nicht ganz verstandenen Gründen verschlimmern Opiate den kardiovaskulären Status im hypovolämen oder Endotoxinschock sowie bei schweren Rückenmarkverletzungen; bei derartigen Krankheitsbildern beobachtet man eine vermehrte Ausschüttung körpereigener Opioide und eine erstaunliche Wirksamkeit hoher Naloxondosen [355, 510]. Aus den vorgestellten Befunden resultiert die Forderung, daß Morphin bei hypotensiver Anamnese sowie bei Patienten mit Blutverlust vorsichtig angewandt werden muß.

In welchem Ausmaß Histamin für die Verminderung des peripheren Widerstandes nach Opiaten verantwortlich ist, kann nicht sicher vorausgesagt werden. Trotz großer individueller Variabilität ist eine *Histaminfreisetzung* unter Morphin relativ häufig zu beobachten [646]; sie tritt besonders ausgeprägt bei höheren Dosierungen und nach rascher intravenöser Injektion (schneller als 5 mg/min) ein. Oxymorphon oder Fentanyl sind demgegenüber in dieser Hinsicht selbst bei hohen Dosen ziemlich unproblematisch, während bei Pethidin sogar noch ausgeprägtere Reaktionen gefunden wurden [209, 227, 315]. Daß die Histaminfreisetzung nicht durch Naloxon antagonisierbar ist, spricht gegen eine Vermittlung durch spezifische Opiatrezeptoren; die Auswirkungen auf Gefäßwiderstand und Blutdruck (nicht jedoch die Ausschüttung von Histamin) können durch Vorbehandlung mit H_1- und H_2-Rezeptorblockern verhindert werden [590].

Die für Morphin und andere Opiate charakteristische *Bradykardie* beruht außer auf einer Dämpfung des zentralen Sympathikus (Sedierung?) v. a. auf einer Stimulation medullärer Vaguskerne [237, 340]; auch die direkte Hemmung des Sinusknotens und Leitungsverlangsamung im AV-Knoten scheinen eine gewisse Rolle zu spielen. Opiatbedingte Bradykardien sprechen leicht auf Atropin an; unter Streßbedingungen (Schmerz, Angst) sind sie oft nur wenig ausgeprägt oder fehlen ganz. Solange Hyperkapnie oder arterielle Hypoxämie ausgeschlossen werden, sensibilisiert Morphin das Myokard nicht gegenüber Katecholaminen und gibt keinen Anlaß zu Rhythmusstörungen. Besondere EKG-Veränderungen sind nicht zu beobachten.

Die *Barorezeptorreflexe* werden geringfügig gedämpft, doch bleibt im Gegensatz etwa zu den Wirkungen der Inhalationsanästhetika dieser Kompensationsmechanismus weitgehend intakt [23].

Es wurde bereits erwähnt, daß bei einigen Agonist-Antagonisten mit σ-Rezeptoraffinität sympathomimetische Kreislaufwirkungen im Vordergrund stehen [440] (Tabelle 10).

Tabelle 10. Kreislaufwirkungen der Agonist-Antagonisten. (Aus [435])

	Herzlast	Blutdruck	Herzfrequenz	Pulmonalarteriendruck
Pentazocin	+	+	+	+
Butorphanol	+	= +	=	+
Nalbuphin	–	=	= –	=
Buprenorphin	–	–	= –	?

Von besonderer anästhesiologischer Bedeutung ist die Beobachtung, daß bei der Kombination von Opiatagonisten mit anderen Medikamenten (wie z. B. Inhalationsanästhetika, Lachgas, Barbituraten oder Benzodiazepinen) hämodynamische Reaktionen im Sinne einer Kreislaufdepression auftreten können, die bei Applikation der Einzelsubstanzen nicht oder nicht so ausgeprägt zu finden sind [148, 374, 412, 508, 531, 730, 740].

Abschließend soll noch auf sekundäre hämodynamische Veränderungen im Gefäßbett des Gehirns hingewiesen werden. Die zerebrale Durchblutung wird durch Opiate zwar kaum direkt beeinflußt [433], kann aber bei CO_2-Retention aufgrund einer opiatbedingten Atemdepression zunehmen und Anlaß zu erhöhtem *Hirndruck* geben. Bei Kontrolle des p_aCO_2 im Rahmen einer kontrollierten Beatmung besteht diese Gefahr jedoch nicht [394, 523, 529]. Manche Autoren warnen vor der Anwendung von Opiaten bei Schädel-Hirn-Traumata, weil sie nicht nur eine Funktionsstörung der Blut-Hirn-Schranke mit vermehrter zerebraler Penetration befürchten, die bei ohnehin beeinträchtigter Spontanatmung weitere Ventilationsstörungen herbeiführe, sondern auch die Diagnostik durch zusätzliche Sedierung und Miosis erschwert sehen [63]. Im Rahmen des modernen Rettungswesens mit großzügigerer Indikation zur Intubation und Beatmung sowie angesichts der heutigen apparativen neurochirurgischen Diagnostik sollte jedoch auf eine effektive Analgesie bei Unfallopfern nicht verzichtet werden, sofern diese klinisch erforderlich erscheint.

Verdauungs- und Ausscheidungsorgane
Aus historischer Sicht stellen die antidiarrhoischen Eigenschaften die Hauptwirkungen von Morphin dar, während sie heute vornehmlich zu den lästigen, bisweilen sogar gravierenden Nebenwirkungen einer effektiven Schmerztherapie gerechnet werden müssen. Die in diesem Abschnitt zu besprechenden Opiateffekte auf Verdauungs- und Ausscheidungsorgane kommen z. T. durch eine lokale Wirkung im Plexus myentericus zustande, lassen sich zum anderen aber auch durch zentralnervöse oder spinale Mechanismen erklären.

Übelkeit und Erbrechen (Nausea, Vomitus, Emesis) stellen sich relativ häufig unter einer Therapie mit Opiaten ein. Sie werden primär durch die Reizung dopaminerger Rezeptoren in der *chemorezeptiven Triggerzone* der Area postrema am Boden des 4. Ventrikels ausgelöst. Aus diesem Grund vermutet man, daß Opioide zumindest teilweise auch als Agonisten an Dopaminrezeptoren agieren können. Der Dopaminagonist *Apomorphin* besitzt in dieser Hinsicht die höchste Wirksamkeit, und auch der therapeutische Nutzen von dopaminantagonistischen Neuroleptika (z. B. Butyrophenone, Phenothiazine) bei Prophylaxe oder Behandlung opiatinduzierten Erbrechens paßt ins Bild. In enger Nachbarschaft zur chemorezeptiven Triggerzone in der Medulla oblongata liegt das motorische *Brechzentrum*, das durch Morphin überwiegend supprimiert wird. Reizung der Area postrema und Hemmung des Brechzentrums kann möglicherweise erklären, warum Nausea und Emesis nach intravenöser Injektion seltener auftreten als nach der verzögerten Anflutung bei intramuskulärer oder subkutaner Applikation: im 1. Fall erreichen das Brechzentrum nämlich ausreichend hohe Wirkstoffkonzentrationen, die für eine vernünftige Blockade erforderlich sind. Der funktionelle Antagonismus zwischen den beiden am Erbrechen beteiligten Arealen läßt auch verstehen, warum bei längerer Behandlung mit Opiaten (persistierend hohe Konzentrationen am Brechzentrum) Nausea und Emesis allmählich nachlassen und warum nach einer Opiatvorbehandlung andere Emetika kaum noch wirksam sind. In der klinischen Praxis wird oft vergessen, daß auch Schmerz einen wichtigen Auslöser für Übelkeit darstellt und daß Morphin in solchen Fällen durchaus antiemetisch wirken kann [13]. Aus anderen Beobachtungen muß man ferner schließen, daß das opiatinduzierte Erbrechen durch eine *vestibuläre Komponente* verstärkt wird [290]: die Inzidenz ist bei mobilisierten Patienten (oder freiwilligen Ver-

3.2 Pharmakodynamische Wirkungen 39

suchspersonen) üblicherweise deutlich höher als bei bettlägrigen. Man rechnet damit, daß etwa 50% ambulanter Patienten betroffen sind, von denen 16% tatsächlich erbrechen müssen. Nicht zuletzt ist es plausibel anzunehmen, daß die opiatbedingte Verzögerung der Magen-Darm-Passage zu Nausea und Emesis beiträgt [130]. Letztlich bleibt jedoch unklar, warum manche Patienten nach Morphin nie, andere jedoch regelmäßig erbrechen. Es gibt bisher keine ernstzunehmenden Belege dafür, daß sich das emetische Potential anderer Opioide von dem des Morphin signifikant unterscheidet [189, 349].

Die Auswirkungen von Morphin auf den eigentlichen *Magen-Darm-Trakt* sind je nach Tierspezies und Untersuchungstechnik vielfältig. Beim Menschen spielen Einflüsse auf Sekretion und motorische Aktivität die größte Rolle; sie variieren in Abhängigkeit von der Topographie.

Am *Magen* beobachtet man eine leichte Verminderung der Salzsäuresekretion, die im Streß (Schmerz, Angst) aber weitgehend aufgehoben ist. Motilitätsminderungen betreffen v. a. das Anthrum, was – zusammen mit einer Tonuserhöhung am Pylorus und in den ersten Duodenalsegmenten – endoskopische Darmspiegelungen erschweren kann. Anästhesiologisch bedeutsamer ist der Befund, daß die Magenentleerung unter Opiaten verzögert wird, was sowohl bei der Beurteilung eines ausreichenden Nüchternheitsintervalls als auch bei der Resorption oraler Medikamente im Rahmen der Prämedikation eine Rolle spielt [7, 67, 120, 630, 741, 768].

Im *Dünndarm* nehmen sowohl der Gallefluß als auch die Pankreassekretion unter Morphin ab, was zu einer verzögerten Verdauung führt. In die gleiche Richtung wirken eine Zunahme des Ruhetonus der Darmwand sowie gelegentlich zu beobachtende Spasmen (segmentale Kontraktionen) mit nachfolgender Atonie. Dadurch wird insgesamt aber die *propulsive Peristaltik* gehemmt. Die Veränderungen sind im Duodenum stärker als im Ileum ausgeprägt, wenngleich der Tonus der Ileozäkalklappe erhöht wird. Als Konsequenz der verlangsamten Passage wird vermehrt Flüssigkeit aus dem Darmbrei resorbiert, die Konsistenz des Darminhaltes nimmt zu. Der zugrunde liegende Wirkungsmechanismus scheint vornehmlich auf einem lokalen Opiatangriff an den Nervengeflechten der Darmwand zu beruhen; hohe Dosen anticholinerger Medikamente (Atropin) sind zumindest teilweise antagonistisch wirksam, während die Resektion efferenter Nervenstränge oder Ganglienblockade ohne Erfolg bleiben [99]. Auf der anderen Seite konnte gezeigt werden, daß intraventrikuläre oder rückenmarknahe Applikation kleiner Opioiddosen ebenfalls wirksam ist, was durch Naloxon oder Vagotomie zu verhindern war [198, 476, 601, 672, 770]. Bei Krankheitsbildern mit Diarrhö aufgrund einer intestinalen Hypersekretion dürfte ferner eine opiatspezifische, naloxonsensible Hemmung des Flüssigkeits- und Elektrolyttransports durch die intestinale Mukosa eine Rolle spielen. Zu diesem Zweck erweisen sich Opioidderivate wie Loperamid oder Diphenoxylat, die praktisch keine analgetische Aktivität mehr besitzen, als besonders nützlich [33].

Auch im *Dickdarm* wird die propulsive Peristaltik durch Morphin gehemmt bis aufgehoben; Atropin ist hier kaum antagonistisch wirksam. Der Ruhetonus nimmt beträchtlich zu, und häufig sind ausgeprägte Spasmen zu finden. Die zunehmende Eindickung der Fäzes verzögert die Passage weiter; zusätzlich wird der Tonus des Analsphinkters erheblich erhöht. Bei Patienten mit akuten Schüben einer chronisch ulzerativen Kolitis kann es zu einer toxischen Kolondilatation kommen [253]. Weil unter der Opiatwirkung die normalen Defäkationsreize durch Dehnung des Rektums weniger beachtet werden, stellt sich schließlich eine hartnäckige *Obstipation* ein, die besonders bei chronischer Morphinbehandlung oft schwieriger zu beeinflussen ist als die zugrundeliegende Schmerzsymptomatik. Zur Langzeittherapie chronischer Schmerzen gehört deshalb immer auch die Verordnung geeigneter Laxanzien und die Kontrolle des Stuhlgangs. In diesem Zusammenhang ist besonders darauf hinzuweisen, daß sich gegenüber den Magen-Darm-Wirkungen der Opiate im Gegensatz zu ihren meisten anderen Effekten nur eine unerhebliche Toleranz entwickelt.

Ein weiterer typischer Morphineffekt ist die Tonuserhöhung der *ableitenden Gallenwege* mit einer konsekutiven Zunahme des intrabiären Drukkes. Die hieraus resultierenden Schmerzen können sich als Gallenkolik oder epigastrische Beschwerden äußern; oftmals müssen sie auch gegen die Symptome einer Angina pectoris differenziert werden. Während Nitroglycerin sowohl bei kardialer Ischämie als auch bei einer Gallenkolik hilft, lassen sich mit Naloxon nur die Auswirkungen auf den Gallengang antagonisieren [430]. Die Existenz von Opiatrezeptoren im Ductus choledochus gilt als sicher [777]; zumindest für Pethidin wurde in Tierexperimenten jedoch ein biphasischer Effekt (atropinartig bei niedrigen, spastisch bei hohen Konzentrationen) gefunden [262].

Opiatapplikationen im Rahmen von Cholezystektomien und ähnlichen Operationen führen gelegentlich zu einem Spasmus des Sphincter Oddii, was bei der radiologischen Kontrolle als umschriebene Einengung des distalen Ductus choledochus communis imponiert und mit einem eingeklemmten Gallenstein verwechselt werden kann [119, 122, 373]. Auch in solchen Fällen ist Naloxon differentialdiagnostisch wie therapeutisch hilfreich [430, 506]. Einige Autoren empfehlen demgegenüber Anticholinergika (Atropin, Butylscopolamin), deren Wirksamkeit aber überwiegend als gering beurteilt wird, oder auch Glucagon (2 mg i.v.), das einen opiatbedingten Spasmus ebenso sicher wie Naloxon löst, ohne gleichzeitig die Analgesie zu antagonisieren [64, 359]. Ob intraoperative Opiate bei Gallenoperationen vermieden werden sollen, wird in der Literatur kontrovers beurteilt. Die verschiedenen Präparate sind unterschiedlich wirksam; in äquianalgetischen Dosen fanden sich signifikante Druckerhöhungen im Vergleich zum Ausgangswert z. B. nach Fentanyl in 99 % der Fälle, nach Pethidin in 63 %, nach Morphin in 53 % und nach dem Agonist-Antagonisten Pentazocin in 15 % [189, 193, 339, 507, 546, 609, 610, 656, 767]. Tatsächliche Spasmen am Sphincter Oddii beobachtet man nach Fentanyl in Kombination mit Inhalationsanästhetika demgegenüber nur bei 3 % aller Patienten [360].

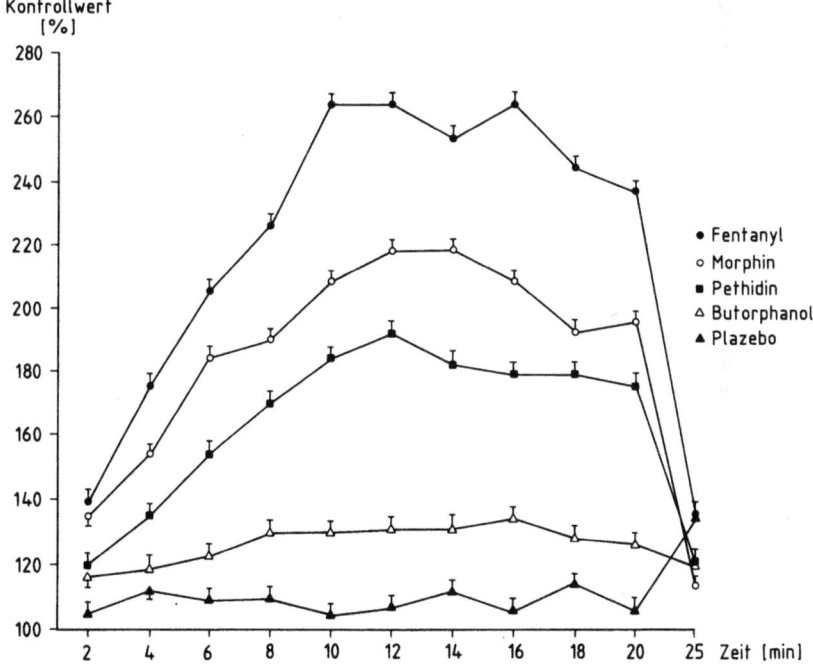

Abb. 12. Gallengangsdruck nach verschiedenen Opioiden. (Aus [610])

Durch die Druckerhöhung in den ableitenden Gallenwegen bzw. durch direkten Angriff am Ductus pancreaticus kann es auch zu einem Rückstau von *Pankreassekreten* kommen. Amylase- oder Lipaseanstiege nach therapeutischen Morphindosierungen, die bis zu 24 h im Serum nachweisbar sind, erschweren manchmal die Differentialdiagnostik eines akuten Abdomens. Bei Verdacht auf akute Pankreatitis sollten Opiate deshalb sehr zurückhaltend angewandt werden.

Auch an der glatten Muskulatur der *ableitenden Harnwege* kann Morphin zu einer Tonuserhöhung und Zunahme der Peristaltik führen. Hierbei sind besonders die unteren Drittel der Ureteren betroffen. Im Gegensatz zum Gallengang sind derartige Veränderungen aber gut durch Anticholinergika normalisierbar. Nicht selten wird *Harnverhaltung* beobachtet, weil auch der Tonus des Blasensphinkters ansteigt; da gleichzeitig die Anspannung des Musculus detrusor zunimmt, kann der Harndrang sehr ausgeprägt sein. Andererseits findet man bei vielen Patienten eine symptomarme Harnverhaltung, weil die schmerzhafte Füllung unter Opiateinfluß kaum wahrgenommen wird. Schon nach therapeutischen Morphindosierungen kann deshalb eine Blasenkatheterisierung erforderlich werden; dies gilt insbesondere für Patienten mit Prostatahypertrophie. Alle opiatbedingten Veränderungen an Ureteren und der Blase lassen sich durch Naloxon antagonisieren [173].

Selbst unter hohen Morphindosen bleiben glomeruläre Filtrationsrate und Urinproduktion normal, solange das intravasale Volumen ausreichend ist [728]. Bei verschiedenen Tierspezies kann zwar ein morphininduzierter Anstieg des antidiuretischen Hormons (ADH, Vasopressin) nachgewiesen werden; beim Menschen scheint dies jedoch nicht oder nur in einem so geringen Umfang zuzutreffen, daß keine klinischen Konsequenzen resultieren [570, 589, 656]. Allerdings gibt es einige Untersuchungen, in denen ein ADH-Anstieg nach epiduraler Morphinapplikation festzustellen war; möglicherweise spielt der rostrale Transport des Opiats zum Gehirn dabei eine Rolle [407]. Harnretention gehört bekanntlich zu den häufigsten Nebenwirkungen rückenmarknaher Opiatapplikationen [145, 205, 336].

Andere Opioidwirkungen
Neben den bisher besprochenen, wichtigsten Eigenschaften besitzen Opioide einige weitere, die im Rahmen ihres klinischen Einsatzes nicht ganz so regelmäßig zu beobachten sind. Zum Teil wurden sie bereits erwähnt; aus Gründen der Systematik sollen sie hier jedoch noch einmal zusammengefaßt und kommentiert werden. Toleranz und Abhängigkeit sind dem nächsten Abschnitt vorbehalten.

Weitere Wirkungen am *Zentralnervensystem* betreffen v. a. das Vigilanzniveau und die Stimmungslage. Beim Menschen verursacht Morphin bereits in therapeutischen Dosen eine gewisse *Sedierung*, die mit einem Nachlassen der Konzentrationsfähigkeit einhergeht (englisch: „drowsiness"). Extremere

Ausprägungen im Sinne einer Lethargie sind sehr selten. Wird Morphin zur Schmerztherapie eingesetzt, verursacht es oft über die Analgesie hinaus eine Verminderung vorbestehender Ängste und Sorgen sowie ein unrealistisches („durch nichts gerechtfertigtes") Gefühl des Wohlbefindens, die *Euphorie*. Hierzu tragen ein den Patienten beruhigendes Wärmegefühl und eine wohltuende Gliederschwere bei. *Dysphorie*, eine unangenehme Mißempfindung in Verbindung mit ungerichteter Ängstlichkeit oder diffuser Furcht, häufig gepaart mit anderen Opiatnebenwirkungen wie trockenem Mund, Nausea, Schwitzen, Schwindel oder Juckreiz, ist demgegenüber bei schmerzfreien Versuchspersonen wesentlich häufiger zu finden als Euphorie; oft ist bei solchen Personen auch die Müdigkeit stärker betont. Über die Entstehungsmechanismen der sedierenden, anxiolytischen und stimmungsverändernden Wirkungen besteht noch weitgehend Unklarheit; vermutlich sind Opiat- und Dopaminrezeptoren in Mittel- und Zwischenhirn (Tegmentum, Locus caeruleus) daran beteiligt [349, 394]. *Schlaf* kann sich unter Morphin einstellen, obwohl die schlafanstoßende Wirkung recht schwach ausgeprägt ist. Häufig schlafen die Patienten wohl eher nach (und wegen) einer schmerzbedingten Erschöpfungsphase ein, sobald sich eine wirksame Analgesie entwickelt hat. Im EEG sieht man dann eine Veränderung des α-Rhythmus in Richtung langsamerer δ-Wellen, wie sie auch im physiologischen Schlaf vorherrscht. Bei Tieren und bei Abhängigen nach einem Drogenentzug konnte eine Unterdrückung des REM-Schlafes nachgewiesen werden. Auch auf das *Kleinhirn* wirkt Morphin überwiegend depressiv; die resultierende motorische Koordinationsstörung äußert sich am ehesten als Ataxie.

Diesen dämpfenden Einflüssen der Opiate auf das Zentralnervensystem stehen erregende Wirkungen gegenüber, die jedoch beim Menschen üblicherweise nicht sehr stark ausgeprägt sind. Ob der *Juckreiz*, der meist die Umgebung der Nase betrifft, als zentral vermittelte Wirkung anzusehen ist, bleibt noch offen; allerdings wird er häufig bei analeptisch wirkenden Medikamenten beobachtet. Nur gelegentlich findet man *paradoxe Reaktionen* in Form von generellen (psychischen und motorischen) Erregungszuständen. *Konvulsionen* kommen beim Menschen eigentlich nur bei massiver Überdosierung oder in Verbindung mit anderen krampfauslösenden Reizen bzw. Medikamenten vor; dabei bestehen hinsichtlich des konvulsiven Potentials (und vielleicht auch hinsichtlich des Wirkungsmechanismus) gewisse Unterschiede zwischen den verschiedenen Opioiden [76, 181, 376, 429, 532, 544, 615, 663, 680, 686]. Als Wirkungsmechanismus wird eine Unterdrückung der physiologischen Effekte von hemmenden Interneuronen angenommen; andererseits sind direkte Erregungen von Pyramidenzellen im Hippocampus durch Opioide nachgewiesen, die durch Naloxon antagonisiert werden können [181, 349].

Lediglich die erregenden Morphinwirkungen auf das Auge sind regelmäßig zu finden. Die *Miosis* beruht vornehmlich auf einer Stimulation des Edinger-Westphal-Kernes des N. oculomotorius und weniger auf einer zentralen Dämpfung des Sympathikus. Sie wird gelegentlich als leicht meßbarer Parameter für andere Opiatwirkungen wie analgetische Potenz oder Atemdepression verwendet [28, 617] und kann außer durch Naloxon auch durch Atropin antagonisiert werden. Gegenüber der Miosis entwickelt sich selbst bei längerem Opiatgebrauch kaum Toleranz; stecknadelkopfgroße („pinpoint") Pupillen sind bei Opiatintoxikation ein pathognomonisches Zeichen. Mydriasis beobachtet man i.allg. erst, wenn sich aufgrund der Atemdepression eine zerebrale Hypoxie entwickelt. Nausea und Emesis als Zeichen einer Stimulation der Area postrema wurden bereits besprochen.

Endokrinologische Veränderungen nach Opioiden sind meist hypothalamisch-hypophysären Ursprungs; ihre klinische Bedeutung ist im therapeutischen Dosisbereich relativ gering [189]. Über einen noch nicht vollständig verstandenen (Rückkopplungs)mechanismus werden einige hypophysäre Releasinghormone gehemmt, zu denen neben den Gonadotropin- und Corticotropin-RF vermutlich auch die Vorläuferproteine der Endorphine und Enkephaline gehören. Als Folge sinken die Plasmakonzentrationen von LH, FSH, ACTH und β-Endorphin [79, 349, 403, 467, 691]. Auswirkungen auf Schilddrüsenhormone scheinen beim Menschen nicht zu bestehen. Andererseits beobachtet man oft einen Anstieg von Prolaktin und Wachstumshormon, der möglicherweise auf einer opiatinduzierten Aufhebung ihrer dopaminergen Sekretionshemmung beruht [79, 364, 403, 691, 721]. Befunde zum antidiuretischen Hormon wurden bereits diskutiert. Es soll an dieser Stelle darauf hingewiesen werden, daß zwar in sehr vielen Publikationen über endokrinologische Veränderungen im Rahmen von Opiatanwendungen berichtet wird, die sich jedoch meist als Reaktion auf den Streß von Narkose und v. a. der Operation herausstellen. Auch die hypothalamisch-hypophysäre Beeinflussung der Temperaturregulation, die bei manchen Tierspezies stark ausgeprägt ist, spielt beim Menschen kaum eine Rolle.

Allergische Reaktionen oder gar Anaphylaxie nach Opioiden sind – trotz bekannter Histaminliberation – sehr selten [208, 209, 470, 742]. Die Dilatation kutaner Blutgefäße durch Histamin ist vermutlich für das Wärmegefühl nach einer Morphininjektion verantwortlich; Histamin verursacht wahrscheinlich auch lokale Erytheme oder Urtikaria, die gelegentlich am Injektionsort und entlang der benutzten Vene zu beobachten sind. Möglicherweise ist auch der generalisierte Juckreiz, der sehr oft nach systemischer wie

3.2 Pharmakodynamische Wirkungen 45

rückenmarknaher Opiatapplikation zu finden ist, auf eine Histaminliberation zurückzuführen. Dagegen spricht allerdings die besonders hohe Inzidenz im Rahmen der periduralen Opiatanalgesie [39, 56, 170, 705] sowie die Tatsache, daß Pruritus auch bei Opioiden auftritt, die kaum Histamin freisetzen und in der Regel durch Naloxon zu antagonisieren ist [679]. Eine Beeinflussung des *Immunsystems* durch Morphin konnte zwar verschiedentlich in Tierexperimenten nachgewiesen werden, doch scheint die klinische Bedeutung sehr gering zu sein [349].

Abschließend sei noch erwähnt, daß Opiate einen vermutlich vernachlässigbaren Einfluß auf die glatte Muskulatur des schwangeren *Uterus* besitzen, der sich am ehesten in einer leichten Antagonisierung von Oxytocineffekten äußert. In solchen Fällen nehmen unter Morphin Ruhetonus, Frequenz und Amplitude der Wehen etwas ab, und der Geburtsverlauf kann geringfügig verzögert werden [102]. Hierzu trägt vielleicht auch die geringere Kooperationsbereitschaft der Mutter bei, die unter einem sedierenden Opiateinfluß steht. Alle klinisch gebräuchlichen Opioide passieren die *Plazenta* relativ gut [93, 147, 196, 254, 316, 422]; auf die besondere Gefahr der Atemdepression beim Neugeborenen (Unreife der kindlichen Blut-Hirn-Schranke und des Atemzentrums beim Neugeborenen) wurde bereits hingewiesen [795]. Andererseits finden sich in der Literatur sehr viele positive Erfahrungsberichte über den geburtshilflichen Einsatz systemisch applizierter Opiate, ohne daß nachteilige Effekte auf Geburtsverlauf oder das kindliche Verhalten nachweisbar gewesen wären (z. B. [233, 538, 637]). Bei Opiatmißbrauch durch die Mutter findet sich auch beim Säugling eine stark ausgeprägte Abhängigkeit; eine Naloxontherapie beim Kind kann unter solchen Umständen lebensbedrohliche Entzugserscheinungen auslösen.

Toleranz und Abhängigkeit
Eine charakteristische Eigenschaft aller Opioide mit agonistischem Wirkungsprofil ist ihr Potential zur Entwicklung von Toleranz und Abhängigkeit. Hinsichtlich der klinischen Implikationen dieser beiden Phänomene, die nicht grundsätzlich gleichzeitig ausgeprägt sind, besteht bei Anästhesisten eine beträchtliche Unsicherheit, so daß eine gesonderte Darstellung gerechtfertigt erscheint.

Toleranz (Gewöhnung) beschreibt einen Zustand, bei dem ein bestimmter pharmakodynamischer Effekt nur mit zunehmend höheren Dosierungen als zu Beginn der Behandlung erreicht werden kann. Abgesehen von seltenen Fällen einer angeborenen Opioidunwirksamkeit [191] wird Toleranz in aller Regel erworben. Mechanistisch unterscheidet man zwischen einer *pharmakokinetischen* und einer *pharmakodynamischen* Toleranzentwicklung. Im ersteren Falle, der bei Opioiden jedoch so gut wie keine Rolle spielt, kommt es – meist durch Induktion hepatischer Enzyme – zu einer beschleunigten Biotransformation zu pharmakologisch unwirksamen Metaboliten, wobei effektive Wirkungsortkonzentrationen nur durch die Zufuhr höherer Dosen gewährleistet werden können. Ein bekanntes Beispiel für diesen Mechanismus stellt der Langzeitgebrauch von Barbituraten dar. Die Toleranz gegenüber Opioiden beruht dagegen vorwiegend auf einer pharmakodynamischen (zellulären) Adaptation der Zielgewebe. Sie erstreckt sich mehr oder weniger regelmäßig nicht nur auf das ursprünglich verwendete Präparat, sondern auf alle verwandte Medikamente, zumindest auf die, die ihre Wirkungen am gleichen Rezeptor entfalten (*Kreuztoleranz*). Bei klinischem Gebrauch von mäßigen Morphindosen entwickelt sich eine Toleranz üblicherweise innerhalb von 2–3 Wochen, doch kann dieses Intervall bei der Anwendung hoher Dosen (z. B. im Rahmen der intensivmedizinischen Analgosedierung) auch deutlich kürzer ausfallen. Nach Absetzen vermindert sich die Toleranz wieder innerhalb von etwa 2 Wochen; einige Autoren berichten, daß Reste (besonders gegenüber den analgetischen Effekten) noch wesentlich länger nachweisbar seien. Toleranzentwicklung bezieht sich auf die meisten, jedoch nicht alle Morphinwirkungen. Am auffälligsten ist natürlich die geringere analgetische Wirksamkeit, aber auch Atemdepression, Euphorie, Sedierung oder Übelkeit sind hinsichtlich Wirkungsintensität und -dauer betroffen. Demgegenüber bleiben Miosis oder Obstipation, wie bereits erwähnt, weitgehend unbeeinflußt. Über die biologischen Elementarprozesse besteht noch ziemliche Unklarheit [796]. Eine Vermutung zielt darauf, daß die Opiatrezeptoren unter dem ständigen Einfluß exogener Opioide unempfindlicher werden oder daß sich über einen Rückkopplungsmechanismus die Konzentration körpereigener Opioide verändert. Andere Erklärungsmöglichkeiten nehmen an, daß sich die Zahl reaktionsbereiter Opiatrezeptoren erhöht (sog. „up-regulation"), daß es zu einer Hemmung zentralnervöser Acetylcholinfreisetzung kommt oder daß Synthese bzw. Freisetzung von zyklischem AMP beeinträchtigt werden [698]. Nur am Rande sei erwähnt, daß die im Rahmen einer chronischen periduralen Opiattherapie beobachtete Toleranz auch auf Permeabilitätsproblemen beruhen kann, die sich aus einer Duraverdickung ergeben [118, 213].

Nach einer WHO-Definition wird *Abhängigkeit* („drug dependence") folgendermaßen definiert:

„A state, psychic and sometimes physical, resulting from the interaction between a living organism and a drug, characterized by behavioural and other responses that always include a compulsion to take the drug on a continuous or periodic basis in order to experience its psychic effects, and sometimes to avoid the discomfort of its absence. Tolerance may or may not be present."

3.2 Pharmakodynamische Wirkungen 47

Diese Begriffsbestimmung, die für alle suchterzeugenden Substanzen gilt, ist nach Auffassung mancher Autoren zu vage [348]. Im deutschen Sprachraum wird oft noch zwischen physischer und psychischer Abhängigkeit differenziert, obwohl die Grenzen vermutlich fließend verlaufen. Für die klinische Pharmakologie der Opioide ist Abhängigkeit am ehesten dadurch zu beschreiben, daß nach Absetzen oder bei Antagonisierung mehr oder weniger ausgeprägte *Entzugserscheinungen* auftreten. Toleranz ist nicht gleichbedeutend mit Abhängigkeit, wohingegen Abhängigkeit ohne Toleranz kaum vorkommt. *Physische* Abhängigkeit ist charakterisiert durch einen Zustand, in dem bestimmte Funktionen des Organismus durch den chronischen Opiatgebrauch dergestalt verändert wurden, daß er ohne Opioide „krank" wird. Zur Entwicklung unter klinisch gebräuchlichen Morphindosen bedarf es üblicherweise einer Dauertherapie von 20–25 Tagen; bei emotionell labilen Persönlichkeiten können aber auch schon 10 Tage ausreichen. Typische Entzugssymptome sind Gähnen, Schlaflosigkeit, Nervosität, Unruhe, Angst, oft begleitet von vegetativen Reaktionen wie Schwitzen, Tränensekretion, Muskelzuckungen und schmerzhaften Krämpfen in den Extremitäten und im Abdomen. Hinzu kommen häufig Übelkeit, Erbrechen und Diarrhö. Während sich diese Erscheinungen nach bloßem Absetzen nur allmählich entwickeln (Beginn nach 10–12 h, Maximum nach 2–3 Tagen), können sie bei Antagonisierung plötzlich auftreten und in schweren Fällen ein lebensbedrohliches Ausmaß erreichen. Die Zufuhr von Opiaten beendet solche Entzugserscheinungen rasch. Eine sedierende Begleittherapie, etwa mit Benzodiazepinen, mindert die Heftigkeit. Nach 7–10 Tagen klingen die Beschwerden langsam ab, obwohl geringere Nachwirkungen noch mehrere Wochen bestehen bleiben können. Parallel mit dem Entzug vermindert sich auch eine zuvor erworbene Toleranz.

Der beschriebene Zustand ist folglich bei *klinischer Langzeittherapie* mit Opioiden nichts Ungewöhnliches; bei kurzfristiger Anwendung, etwa ihm Rahmen der Anästhesie oder der postoperativen Schmerztherapie, spielt er demgegenüber praktisch keine Rolle [129, 586]. Ebenfalls vernachlässigbar bei Patienten, die Opioide zur Schmerztherapie erhalten haben, ist die Weiterentwicklung der physischen in eine *psychische* Abhängigkeit („Sucht"), auf die die oben angeführte WHO-Definition zutrifft: nämlich das zwanghafte Bestreben, das Opiat wegen dessen psychischer Eigenschaften in immer höherer Dosierung weiter zuzuführen. Es würde den Umfang dieses Beitrags sprengen, auf die Besonderheiten des *Opiatmißbrauches* einzugehen; vielmehr sei auf entsprechende Literatur verwiesen [343, 351, 388, 423, 436, 722, 738, 809].

Die Mechanismen, die zur Entwicklung einer Abhängigkeit führen, dürften denen ähneln, die bei der Toleranz beschrieben wurden. Im Entzug nimmt die sympathische Aktivität des Zentralnervensystems, insbesondere im Locus caeruleus, dramatisch zu. Aus diesem Grund hat sich auch die Therapie mit Clonidin bewährt, einem zentralen α_2-adrenergen Agonisten, der die synaptische Übertragung sympathischer Impulse blockiert [163, 260, 387].

Obwohl das *Abhängigkeitspotential* bei µ-Agonisten am stärksten ausgeprägt und bei Agonist-Antagonisten mehr oder weniger vermindert ist, sind in den meisten Ländern fast alle Opioide einem Betäubungsmittelgesetz unterstellt. Dieses dient der Verhinderung von Mißbrauch – nicht der Erschwernis des therapeutischen Einsatzes! Daß Ärzte, die mit Schmerzpatienten umzugehen haben, diese Unterscheidung häufig verkennen, kann nur als skandalös und zumindest unethisch angesehen werden.

3.3 Arzneimittelinteraktionen

Abgesehen von der klassischen Therapie akuter und chronischer Schmerzen stellen Opioide heute einen kaum verzichtbaren Bestandteil der modernen Allgemeinanästhesie dar. Obwohl der Stellenwert der Analgesie in einer Narkose noch längst nicht zufriedenstellend definiert ist, werden die Wechselwirkungen der Opioide mit Inhalationsanästhetika, Hypnotika und Tranquilizern oder Neuroleptika regelmäßig ausgenutzt, jedoch bisher kaum verstanden. Leider gibt es bisher kaum kontrollierte klinische Studien zu dieser Fragestellung; meist stammen Hinweise über Wirkungsverstärkungen bzw. -abschwächungen aus Einzelfallberichten [483]. Ihre Interpretation wird durch die Schwierigkeit erschwert, die Hauptwirkungen der Opioide, also den Einfluß auf Schmerzen, befriedigend zu messen; obwohl die vergleichsweise leichter zu bestimmende Atemdepression meist mit der Analgesie einhergeht, sind Rückschlüsse nur unter Vorbehalt zulässig.

Auf der einen Seite verstärken Opioide die Wirkungen anderer zentraldämpfender Medikamente. Aus diesem Grunde wurden früher Morphinderivate bereits zur Prämedikation eingesetzt – eine Einstellung, die heute angesichts der rasch und kurz wirkenden neueren Opioide glücklicherweise kritisch überdacht wird. Der Mechanismus derartiger Synergismen ist kaum bekannt, die klinische Bedeutung umstritten [285]. Es kann jedoch als sicher gelten, daß die MAC-Werte von Inhalationsanästhetika durch Opioide deutlich reduziert werden [303, 427, 548].

3.3 Arzneimittelinteraktionen 49

Andererseits nimmt die Intensität von Opiateffekten zu, wenn sedierende Vor- oder Begleitmedikationen im Spiel sind. Bei (bewußtseinsgetrübten) Unfallopfern, die unter dem Einfluß von Alkohol, Barbituraten oder Benzodiazepinen stehen, kann z. B. eine analgetische Standarddosis von Morphin zu gravierenden Kreislaufdepressionen und ggf. zu einem Atemstillstand führen. Im Einzelfall sind die Interaktionen jedoch schlecht vorauszusagen. So konnte experimentell z. B. von *Barbituraten* gezeigt werden, daß sie in bestimmten Dosisbereichen additiv, in anderen dagegen antagonistisch („antianalgetisch") wirken [182, 356, 390, 391, 392, 393, 499, 550, 665]; ähnliches gilt für *Benzodiazepine* [25, 26, 152, 211, 214, 281, 509, 731], *Neuroleptika* [183, 184, 363, 385, 499, 703, 735], *trizyklische Antidepressiva* [264, 469, 519] oder *Antihistaminika* [655, 747]. Auch für Psychostimulanzien wie *Amphetamin* wurden Wechselwirkungen mit Opioiden beschrieben [206, 232, 344].

Aufgrund des besseren Verständnisses neurophysiologischer Vorgänge bei Schmerzleitung und -verarbeitung versucht man neuerdings vermehrt, auf die Wirkung bestimmter Neurotransmitter pharmakologisch Einfluß zu nehmen. Vereinfachend ausgedrückt scheinen Medikamente, die die zentralnervösen Speicher biogener Amine entleeren, opiatantagonistisch zu wirken, während sich sympathomimetische Substanzen agonistisch verhalten. Die bisher einzige sichere, wenngleich sehr seltene Kontraindikation für Opioide aufgrund von Arzneimittelwechselwirkungen betrifft die *Monoaminooxidasehemmer* [584, 725, 753]. Von diesen in Neurologie oder Psychiatrie eingesetzten, stimmungsaufhellenden und aktivitätssteigernden Medikamenten spielt im deutschsprachigen Raum nur Tranylcypromin, ggf. in Kombination mit Trifluperazin, eine Rolle. In Verbindung mit Opioiden können sich schwere Hypotonien oder Hypertonien, Tachykardien, Schweißausbrüche mit hohem Fieber, Atemdepressionen und Krämpfe bis hin zum Koma entwickeln [261, 584]; auch Todesfälle sind beschrieben worden. Aus diesem Grund sollten Monoaminooxidasehemmer spätestens 2 Wochen vor einem elektiven operativen Eingriff unter Allgemeinanästhesie abgesetzt werden. Unter Notfallbedingungen ist äußerst vorsichtig zu dosieren; von der Verwendung von Pethidin, das sich als besonders problematisch zu erweisen scheint, wird grundsätzlich abgeraten [204]. Auf der anderen Seite wurde rückenmarknahes Fentanyl von einer Patientin problemlos vertragen, die unter einer Langzeittherapie mit Tranylcypromin stand [826].

Auf die Bedeutung von *Clonidin*, einem zentralen α_2-adrenergen Agonisten, wurde bereits hingewiesen. Tierexperimentelle Befunde, nach denen es synergistisch zu Opioiden wirkt, bestätigen sich zunehmend auch in klinischen Berichten [160, 200, 226, 256, 565, 720, 811]. Auch cholinerge Mechanismen scheinen bei Wechselwirkungen mit Opiaten eine Rolle zu spielen: tierexperimentell verstärken hirngängige Cholinergika (z. B. Physostigmin) die Morphinanalgesie, und Atropin schwächt sie ab; es gibt jedoch auch gegenteilige Befunde [754, 797, 810]. Daß zweiwertige Ionen wie z. B. Kalzium beim Zustandekommen der Morphinwirkungen eine Rolle spielen, ist relativ sicher [112]. Untersuchungen mit *Kalziumantagonisten* ergaben jedoch widersprüchliche Ergebnisse [77, 320, 464]. Auch die interessante Hypothese, daß die Antagonisierung von *Cholecystokinin*, einem fraglichen physiologischen Antagonisten der körpereigenen Opioide, die Morphinanalgesie verstärke, wird kontrovers diskutiert [465, 605]. Ob die meisten der vorgestellten Befunde in der anästhesiologischen Praxis relevant sind, bleibt derzeit jedoch noch fraglich; der Grund hierfür dürfte in der enormen individuellen Variabilität von Schmerz- oder Analgesieparametern liegen, vor deren Hintergrund tendentielle Fremdeinflüsse kaum auszumachen sind.

Eine Literaturübersicht über erprobte postoperative Kombinationen von Opioiden mit *antiphlogistisch-antipyretischen Analgetika*, Tranquilizern oder *Lokalanästhetika* (im Rahmen der rückenmarknahen Analgesie) findet sich bei [459]. Obwohl theoretische Überlegungen bei der Akutschmerzbehandlung gegen einen zu schnellen Präparatewechsel (reine Agonisten nach *Agonist-Antagonisten* oder umgekehrt) sprechen und obwohl dieser in der Regel auch eigentlich unnötig ist, gibt es bisher keine ernstzunehmenden klinischen Befunde, die diese Auffassung begründen. Ein kombinierter systemischer Einsatz verschiedener Opioide mit dem Ziel, eine wirksame Analgesie bei gleichzeitig geringer Atemdepression zu erzeugen, kann nach den heutigen Erkenntnissen nur als experimentierfreudige Polypragmasie angesehen werden und entbehrt noch jeder pharmakologischen Einsicht. Ähnliches gilt für die Kombination von Opioiden mit ihren Antagonisten, wenngleich sich einige wenige Ausnahmen in besonderen Situationen abzuzeichnen scheinen [82, 462, 619].

3.4 Rückenmarknahe Applikation

Es wurde bereits beschrieben, daß körpereigene und exogen zugeführte Opioide die Übertragung afferenter nozizeptiver Impulse auf der Ebene des Hinterhorns im Rückenmark unterdrücken, wo reichlich Opiatrezeptoren vorkommen. Die Anwendung rückenmarknaher (englisch: „spinal") Opiate hat die akute und chronische Schmerztherapie in den beiden letzten Jahrzehnten erheblich bereichert [145, 146, 819, 820, 821]. Sie konkurriert mit

3.4 Rückenmarknahe Applikation

der ebenfalls sehr erfolgreichen Applikation von Lokalanästhetika; die wichtigsten Unterschiede sind in Tabelle 11 zusammengestellt.

Tabelle 11. Unterschiede zwischen rückenmarknahen Opioiden und Lokalanästhetika. (Nach [145, 146])

	Opioide	Lokalanästhetika
Wirkungsort	Substantia gelatinosa im Hinterhorn des Rückenmarks	Spinalnervenwurzeln und lange Rückenmarkbahnen
Blockadetyp	prä- und postsynaptische Hemmung der synaptischen Impulsübertragung	Unterdrückung der Weiterleitung von Aktionspotentialen
Spezifität	Schmerzleitung	alle sensiblen, vegetativen und motorischen Fasern
Effektivität:		
intraoperativ	teilweise	vollständig möglich
postoperativ		
– Operationstag	teilweise bis vollständig (bei hohen Dosen)	vollständig
– später	vollständig möglich	vollständig
Geburtsschmerz	teilweise	vollständig
Tumorschmerz	vollständig möglich	üblicherweise ungeeignet

Leider sind hinsichtlich der Effektivität erhebliche Variationen zu beachten, die eine individuelle Dosisfindung zwingend erforderlich machen. Als wichtigster Vorteil wird angesehen, daß rückenmarknahe Opioide weder die motorische noch die vegetative Reaktionsfähigkeit des Organismus beeinträchtigen [32, 813]. Unter den verschiedenen (dosisabhängigen) Nebenwirkungen spielt eine Atemdepression die bedeutendste Rolle [201]; sie kann gelegentlich sehr früh, üblicherweise aber erst nach Stunden auftreten (s. unten). Die unerwünschten Effekte entstehen meist durch eine direkte Beeinflussung des Gehirns, sei es durch Aufstieg der Opioide mit dem Liquor oder sekundär infolge von vaskulärer Resorption. Am auffälligsten sind dabei Sedierung, Übelkeit und Erbrechen, während Juckreiz z. T. auch auf Rückenmarkebene ausgelöst werden kann. Die häufig beobachtete Urinretention resultiert aus einer Tonusverminderung des Detrusormuskels der Blase; sie ist meist durch Titration mit Naloxon antagonisierbar, ohne die Analgesie zu beeinträchtigen [618]. Nur bei sehr hohen, klinisch nicht angewendeten Dosierungen sind lokale oder generalisierte Konvulsionen zu befürchten [821]. Trotz systemischer Resorption besteht heute kein Zweifel mehr daran, daß die analgetischen Wirkungen rückenmarknaher Opiate vornehmlich durch einen *direkten* Angriff an der Substantia gelatinosa entstehen [664]. Unter Langzeitapplikation ist auch bei rückenmarknahen Opiaten mit der Entwicklung einer Toleranz zu rechnen [416, 477, 539, 543, 664, 822]; letztere kann manchmal aber auch durch Duraverdickungen vorgetäuscht sein [213]. Durch Zusatz von Noradrenalin, Clonidin oder synthetischen Endorphinen läßt sie sich möglicherweise beeinflussen [143, 200, 413, 736]; einige Autoren empfehlen hierzu auch rückenmarknahes Droperidol [35].

Da die Opioide ihre Wirkungen erst in der Substantia gelatinosa entfalten können, ist eine *intrathekale Injektion* verständlicherweise wirksamer als eine peridurale; auch werden hier deutlich geringere Dosen benötigt. In einigen Untersuchungen erwiesen sich bereits 0,2–0,5 mg Morphin oder 20–40 µg Fentanyl, die einem beliebigen Lokalanästhetikum im Rahmen der operativen Spinalanästhesie zugemischt wurden, als hervorragend effektive und lang wirksame Maßnahme zur postoperativen Analgesie [5, 57, 73, 559], und die ausschließliche Verwendung von 0,8–2 mg Morphin intrathekal hat sich nach Herz-, Thorax- und anderen Operationen sowie in der Geburtshilfe bewährt [2, 40, 155, 157, 223, 278, 337, 678]. Mit der Einführung verträglicher Dauerkatheter ist die intrathekale Infusion kleiner Opioiddosen auch für sonst nicht therapierbare Tumorschmerzpatienten eine diskutable Alternative geworden [141, 539, 561, 786, 790, 822]. Allerdings ist noch nicht befriedigend geklärt, wie Rückenmark und Dura auf eine Dauerirritation reagieren; erste Ergebnisse sprechen dafür, daß Gewebsveränderungen und sogar neurologische Schäden auftreten können [142].

Nichtsdestoweniger besteht bei intrathekaler Applikation eine relativ große Gefahr, daß das Opioid bis zum Hirnstamm aufsteigt und dort eine Atmungs- oder Kreislaufdepression auslöst [4, 94, 132, 168, 201, 258, 278, 416, 577]. Die Inzidenz wird mit etwa 1:300 angegeben, während sie bei periduraler Injektion nur 1:1200 beträgt [289, 620]. In der Regel (aber nicht immer! [585, 588]) helfen in solchen Fällen konventionelle intravenöse Naloxondosen; ein Liquoraustausch dürfte nur in Ausnahmefällen erforderlich sein [370].

Bei der *periduralen Injektion* benötigt man wesentlich höhere Dosen, um ausreichende Wirkortkonzentrationen zu erzielen. Hiermit steigt die Chance, daß vom Injektionsort oder auch erst nach Erreichen des Liquorraums solche Arzneimittelmengen vaskulär resorbiert werden, die systemische Wirkungen auszulösen vermögen. Auf der anderen Seite stellt die Einführung von Periduralkathetern heute ein bewährtes Standardverfahren im anästhesiologischen Repertoire dar, das selbstverständlich genutzt werden sollte, wann immer es klinisch möglich und sinnvoll erscheint. Es hat sich herausgestellt, daß wegen der großen Volumina der Injektions*ort* von relativ untergeordneter Bedeutung ist; so können auch lumbal oder kaudal applizierte Opiate in thorakalen und noch höheren Segmenten wirksam werden [88, 176, 414, 746, 787]. Alle in der Praxis verwendeten exogenen Opioide sind in der Lage, die Dura zu durchdringen und über den Liquor in die Substantia gelatinosa zu diffundieren [535]. Die Überwindung der Duraschranke kann entweder durch direkte Diffusion oder im Wurzelbereich erfolgen. Für die meisten Opiate kann angenommen werden, daß nur etwa 4 % einer epiduralen Dosis den Liquorraum erreichen [709]. Je lipophiler ein Medikament ist, desto leichter gelingt die Penetration – und zwar in beiden Richtungen! Während Fentanyl oder auch Pethidin relativ rasch aus dem zentralwärts aufsteigenden Liquor zurückdiffundieren können, benötigt das hydrophilere Morphin wesentlich länger [271, 274, 579, 583, 710, 792]. Im Extremfall können somit nach Morphin noch so hohe Liquorkonzentrationen den Hirnstamm erreichen, daß eine (späte) Atemdepression die Folge ist [172, 201, 271, 367, 401, 415, 817]. Nichtsdestoweniger, wenngleich viel seltener, gibt es auch Berichte über respiratorische Zwischenfälle mit lipophilen Opiaten [288, 400, 649, 780, 802, 818, 830]; sie treten oft relativ früh auf und sind vielleicht eher durch systemische Resorption als durch Liquortransportmechanismen zu erklären; Abb. 13 verdeutlicht, daß maximale zervikale Liquorkonzentrationen nach lumbaler Applikation von Pethidin viel früher als bei Morphin auftreten und daß sie wesentlich rascher auf harmlose Werte abgefallen sind.

Als Faustregel kann gelten, daß der Wirkungseintritt um so schneller erfolgt, je lipophiler das verwendete Opioid ist; für die Wirkungsdauer spielt auch die Rezeptorbindung eine wichtige Rolle: so hält der Effekt von Buprenorphin besonders lange an (Tabelle 12).

Tabelle 12. Dosierung und Wirkungszeiten peridural verabreichter Opiate (Mittelwerte aus postoperativen Untersuchungen, nach [145])

	Dosis (mg)	Wirkungsbeginn	Volle Wirkung (min)	Wirkungsdauer (h)
Morphin	5 – 10	24	37 – 60	8 – 20
Heroin	5 – 6	5	9 – 15	2 – 21
Hydromorphon	1	13	23	11
Methadon	5	12	17	7 – 9
Piritramid	7,5			10
Pethidin	30 – 100	5 – 10	12 – 30	4 – 20
Fentanyl	0,1	4 – 10	20	2 – 4
Pentazocin	2	3	15	4 – 24
Buprenorphin	0,15	2 – 6		8 – 20

54   3 Allgemeine Eigenschaften von Opioiden

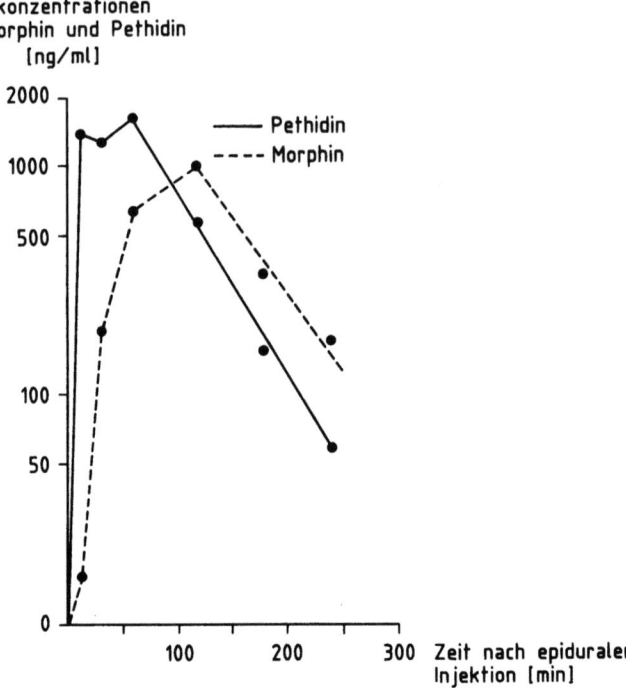

Abb. 13. Zervikale Liquorkonzentrationen nach periduraler Applikation von Pethidin oder Morphin im Lumbalraum. (Aus [274])

In der Praxis werden peridurale Opiate (gegebenenfalls gemeinsam mit Lokalanästhetika) sowohl als einmalige oder repetitive „single shots" als auch in Form von Dauerinfusionen [10, 124, 221, 543, 567] verabreicht. Ob ein Zusatz von Vasopressoren sinnvoll ist, wird derzeit noch kontrovers diskutiert [170, 498, 560, 692]. Einige Autoren berichten über gute Erfahrungen, wenn die Patienten selbst in der Lage sind, die Infusionsrate zu steuern oder Zusatzboli zu applizieren [92, 124, 128, 131, 186, 311, 711, 760]. Anwendungsgebiete bestehen sowohl intraoperativ [649], zur Behandlung akuter (z. B. postoperativ [66, 100, 221, 414, 480, 705, 820] oder beim Myokardinfarkt [131]) als auch chronischer Schmerzen [24, 72, 572, 664, 774, 787]. Unter Langzeitapplikation ist auch bei periduraler Anwendung mit lokalen Irritationen durch Katheter oder Konservierungsmittel zu rechnen [187]. Die Ergebnisse im Rahmen der Geburtshilfe sind im wesentlichen enttäuschend, wenn ausschließlich Opioide verabreicht wurden [145,

3.4 Rückenmarknahe Applikation

334, 498]; dies gilt jedoch nicht für die Kombination mit Lokalanästhetika [135, 558].

Neuerdings wird vermutet, daß peridurales Morphin bei geburtshilflicher Anwendung eine latente Herpesinfektion reaktiviert [150].

Bei besonders schwierigen Fällen von Tumorpatienten ist sogar eine *intraventrikuläre Opiatapplikation* durch implantierte Verweilkatheter und/oder Medikamentenpumpen möglich; in der Praxis wird dieses Verfahren jedoch wohl eine seltene Ausnahme bleiben müssen [68, 143, 478, 488, 561, 562].

Literaturhinweise für die rückenmarknahe Applikation anderer Opioide sind bei der Besprechung der Einzelsubstanzen aufgeführt.

4 Opioidagonisten

4.1 Morphin

Die Eigenschaften des Standardpräparates Morphin wurden im allgemeinen Teil bereits ausführlich dargestellt. Es handelt sich um ein relativ hydrophiles Phenanthrenderivat, dessen dreidimensionale Strukturformel in Abb. 14 wiedergegeben ist.

Nach parenteraler Applikation wird es gut resorbiert (im Mittel 90 % innerhalb von 45 min), während die orale Bioverfügbarkeit gering und mit

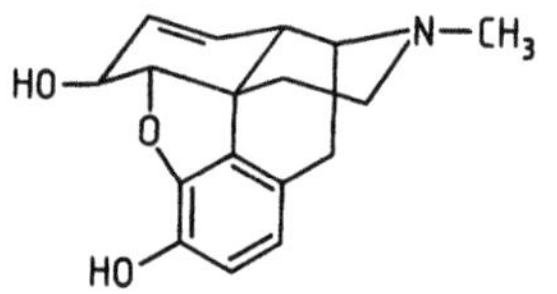

Morphin

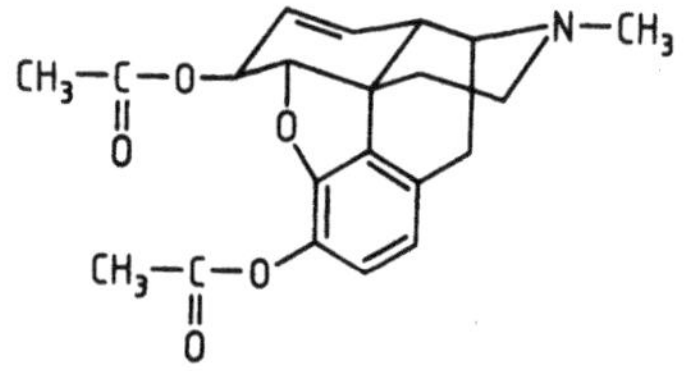

Heroin

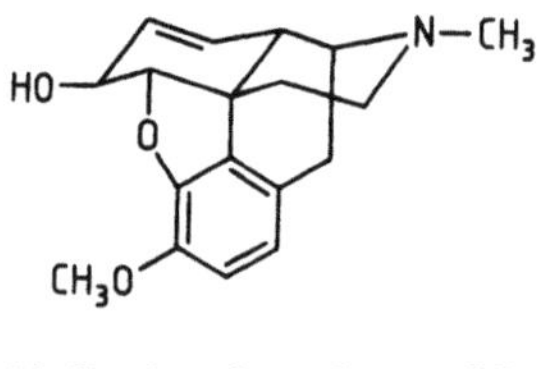

Codein

Abb. 14. Strukturformeln von Morphin, Heroin und Codein

15-49 % sehr variabel ausfällt [276, 629, 662, 734, 788]. Im Rahmen der Verteilung auf alle Körpergewebe erreicht nur ein sehr geringer Dosisanteil (weniger als 0,1 %) die Wirkorte im zentralen Nervensystem; wegen der mäßigen Lipophilie stellt die Blut-Hirn-Schranke ein deutliches Hindernis dar (vgl. Abb. 8). Aufgrund der vom Blut-pH abhängigen Ionisierung können ventilationsbedingte Veränderungen der Penetration nachgewiesen werden [217, 557]. Die Plazenta wird relativ leicht durchdrungen. Die Pharmakokinetik ist für verschiedene Altersgruppen gut untersucht [153, 489, 503, 547, 566].

Morphinblutkonzentrationen korrelieren wegen der beschriebenen physikochemischen Eigenschaften schlecht zu Gehirnkonzentrationen oder zu pharmakodynamischen Wirkungen [59, 504, 628]. Grenzkonzentrationen im Blut, die für eine ausreichende Analgesie in der Regel überschritten werden müssen, sind Tabelle 13 zu entnehmen.

Tabelle 13. Analgetische Grenzkonzentrationen gebräuchlicher Opioide (ng/ml); Untersuchungen im Rahmen der intravenösen On-demand-Analgesie und anderen Schmerzstudien. (Nach [450])

Sufentanil	0,04
Fentanyl	1
Hydrocodon	6
Alfentanil	10
Morphin	16
Ketobemidon	28
Tramadol	300
Methadon	350
Pethidin	455

Biotransformationsreaktionen erfolgen vornehmlich in der Leber, zu einem geringen Anteil in der Niere und vielleicht auch in der Lunge [71, 125, 332, 793]. Die hohe hepatische Extraktionsrate von 0,7 ist (trotz der i. allg. guten enteralen Resorption) für einen ausgeprägten „first-pass effect" und die variable orale Wirksamkeit verantwortlich: selbst bei kompletter Absorption nach oraler Gabe könnten maximal 30 % der Dosis den systemischen Kreislauf erreichen. Die Verstoffwechselung führt zu hydrophilen Konjugaten, die über Galle und letztlich Urin ausgeschieden werden. Kleine Mengen sind auch im Schweiß und in der Muttermilch nachweisbar. Maximal 10 % der Dosis werden während 24 h unverändert über den Urin entfernt; 90 % der Gesamtelimination findet innerhalb eines Tages statt. Bei Morphinabhängigen nimmt die Konjugationsrate allmählich zu. Das Hauptstoffwechselprodukt 3-Glucuronid ist pharmakologisch inaktiv; im Darm kann es jedoch bakteriell hydrolysiert werden und so zum enterohepatischen Kreislauf von Morphin beitragen. Demgegenüber ordnet man dem 6-Glucuronid noch eine gewisse Wirksamkeit zu [684]. Bei Lebererkankungen ist kaum mit einer intensiveren oder verlängerten Wirkung zu rechen, jedoch soll bei ausgeprägten Nierenschäden die Ausscheidung von Morphin und 6-Glucuronid gestört sein, weshalb hier zu einer zurückhaltenderen Dosierung geraten wird [458, 463, 814, 685]. Nur etwa 5 % einer Morphindosis wird zu Normorphin demethyliert; im Gegenzug entstehen durch Methylierung kleine Mengen an Codein.

Die übliche Erwachsenendosis beträgt 10–15 mg des Sulfats oder Hydrochlorids; sie sollte bei reduziertem Allgemeinzustand und bei alten Patienten herabgesetzt werden. Nach intramuskulärer oder subkutaner Injektion wird der Wirkungseintritt nach 15–30 min und das Wirkungsmaximum nach 30–60 min erreicht; die mittlere Wirkungsdauer einer Einmaldosis beträgt etwa 4–5 h. Die intravenöse Injektion, die im perioperativen Bereich grundsätzlich vorzuziehen ist, gestattet einen rascheren Wirkungseintritt und ein Wirkungsmaximum bereits nach 20 min bei etwa vergleichbarer Wirkungsdauer. Wie bei allen Opioiden ist hinsichtlich der Dosierung, des Maximaleffektes und der Wirkungsdauer mit einer erheblichen individuellen Variabilität zu rechnen, die nur durch eine sorgfältige Titration zu überwinden ist. Die Zahlen in Tabelle 14 sind deshalb nur mit Vorbehalt zu betrachten.

Für die Langzeittherapie von chronischen Schmerzen stehen außer wäßrigen Lösungen auch Retardtabletten zur Verfügung; gelegentlich werden Tagesdosen über 500 mg benötigt [161, 162, 272, 411, 552, 662, 778]. Auch eine rektale Anwendung ist möglich [296, 804, 805]. Erste Hoffnungen, man könne Morphin in zerstäubter Form auch pulmonal anwenden, etwa im Rahmen der Schmerzbehandlung beatmeter Intensivpatienten [125], wurden nicht bestätigt [127]. Über die rückenmarknahe Applikation wurde in 3.4 berichtet.

Im angelsächsischen Sprachraum wird Morphin häufig in Form von *Papaveretum* eingesetzt, einer standardisierten Präparation der wasserlöslichen Opiumalkaloide. Der Anteil an Morphinbase beträgt 50 %; der Rest entfällt auf Papaverin, Codein, Thebain und Narcotin. Papaveretum kann oral (auch als Tablette) und parenteral angewandt werden; die Standarddosis beträgt 10–20 mg. Wesentliche Besonderheiten gegenüber Morphin bestehen nicht. Ein ähnliches Präparat ist auch in Deutschland als Spasmolytikum erhältlich (Paverysat).

Tabelle 14. Dosierung und Wirkungsdauer von Opioidanalgetika

Präparat	Handelsname (BRD)	Parenterale Einzeldosis (mg)	Mittlere Wirkungsdauer (h)
Morphin	Morphin	5 – 10	4 – 5
Heroin		3	3 – 4
Hydromorphon	Dilaudid	1,5	3 – 5
Oxycodon	Eukodal	10 – 20	4 – 5
Oxymorphon		1 – 1,5	4 – 5
Codein	Codein	120 [a]	3 – 4
Dihydrocodein	Paracodin	60	4 – 5
Levorphanol		2 – 3	4 – 5
Methadon	Polamidon	5 – 10	4 – 8
Dextromoramid	Jetrium	5 – 7,5	4 – 5
Piritramid	Dipidolor	7,5 – 15	4 – 6
Pethidin	Dolantin	50 – 100	1 – 4
Phenoperidin		1 – 2	1
Alphaprodin		40	1 – 2
Ketobemidon		10	3 – 5
Tilidin	Valoron	50 – 100	3 – 5
Tramadol	Tramal	50 – 100	1 – 4
Pentazocin	Fortral	30 – 50	2 – 5
Butorphanol		1 – 3	3 – 4
Nalbuphin	Nubain	10 – 20	3 – 6
Buprenorphin	Temgesic	0,3	6 – 8

[a] Codein wird wegen starker Venenreizungen praktisch nur oral verwendet.

4.2 Heroin

Heroin ist ein semisynthetisches Morphinderivat, das durch 2fache Acetylierung entsteht (Synonyme: Diacetylmorphin, Diamorphin; Abb. 14). Hierdurch nimmt die Lipophilie beträchtlich zu, was eine raschere Penetration der Blut-Hirn-Schranke und einen schnelleren Wirkungseintritt ermöglicht. Aus diesem Grund ist auch die Potenz gesteigert. Insbesondere der euphorisierende Effekt und damit das Abhängigkeitspotential sind nach Ansicht mancher Autoren erheblich stärker ausgeprägt als bei Morphin, weswegen Heroin in den meisten Ländern selbst für eine medizinische Anwendung nicht zugelassen ist. Übelkeit und Erbrechen sowie Obstipation sollen seltener auftreten; auch das Risiko einer Atemdepression wird als geringer angesehen.

Heroin wird im Organismus (auch im Gehirn) rasch zu den pharmakologisch aktiven Metaboliten Monoacetylmorphin und Morphin desacetyliert und vorwiegend in Form von Morphin oder Morphinglucuroniden über die Niere ausgeschieden [794].

Zur Therapie werden etwa halb so hohe Dosen wie bei Morphin benötigt; die Wirkungsdauer ist dabei etwas geringer. Bei sehr starken Schmerzzuständen werden 5–10 mg subkutan oder intramuskulär empfohlen. Ob hier wirkliche Vorteile gegenüber den anderen Opioiden bestehen, bleibt umstritten [83, 269, 368, 499, 773]. Gleiches gilt für die rückenmarknahe Applikation [121, 324, 490, 491, 792].

4.3 Hydromorphon

Hydromorphon stellt ein halbsynthetisches Dihydrogenmorphinderivat dar (Abb. 15). Es ist 8- bis 10mal so potent wie Morphin und besitzt eine geringfügig kürzere Wirkungsdauer. Seine sedierenden Effekte sind etwas stärker ausgeprägt, die euphorisierenden etwas schwächer. Die Anwendungsgebiete entsprechen denen des Morphins.

Hydromorphon kann parenteral (s.c., i.m. oder langsam i.v.) sowie oral appliziert werden; bei oraler Gabe beträgt die Wirksamkeit jedoch nur etwa 20 % der Wirksamkeit nach intramuskulärer Anwendung. Im Handel sind Injektionslösungen mit oder ohne Atropin sowie Suppositorien. Die therapeutische Einzeldosis bei subkutaner oder intramuskulärer Injektion liegt bei 1–2 mg.

Die Literatur zu Pharmakokinetik und Metabolismus [139, 323] sowie zum klinischen Einsatz ist vergleichsweise dürftig. An dieser Stelle seien nur einige Hinweise zur Schmerztherapie beim Myokardinfarkt [723], bei postoperativen Patienten [309, 806] sowie bei Tumorkranken [96] gegeben. Die rückenmarknahe Anwendung ist ebenfalls möglich; wie bei allen Opioiden wurden auch hierbei seltene, verzögert auftretende respiratorische Zwischenfälle beschrieben [90, 309, 700, 818].

4.4 Oxycodon

Oxycodon gehört ebenfalls zu den halbsynthetischen Dihydromorphinderivaten (Abb. 15) und ähnelt in seinen Eigenschaften sehr dem Morphin, zu dem es ziemlich äquipotent ist. Das Verhältnis zwischen oraler und parenteraler Wirksamkeit beträgt etwa 1:2, ist also größer als bei Morphin. Im Handel befindet es sich in Tablettenform sowie als Injektionslösung. Die

4.4 Oxycodon

therapeutischen Einzeldosen betragen je nach Schmerzintensität oral 2,5–5 mg oder parenteral 10–20 mg.

Auch für Oxycodon finden sich in der anästhesiologischen Literatur nur spärliche Hinweise zum klinischen Gebrauch. Beispiele betreffen die

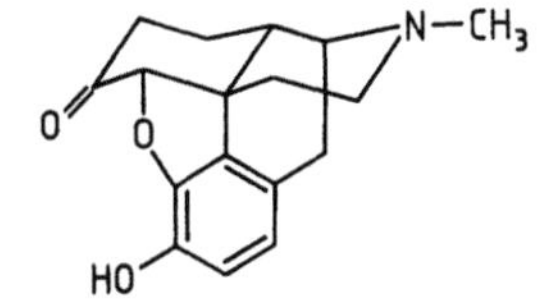

Hydromorphon

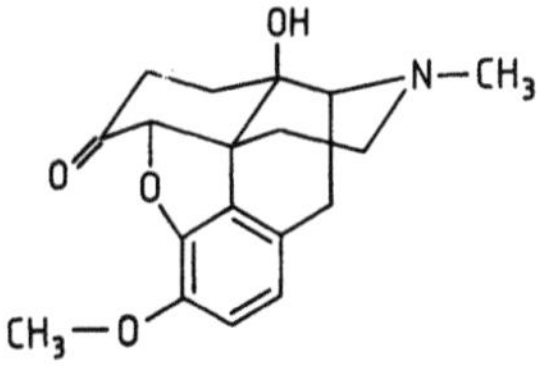

Oxycodon

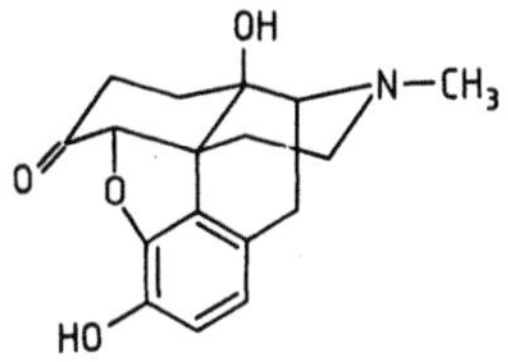

Oxymorphon

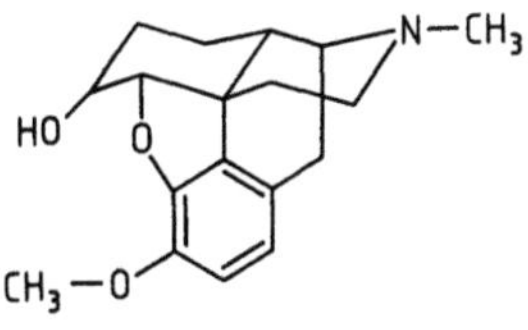

Dihydrocodein

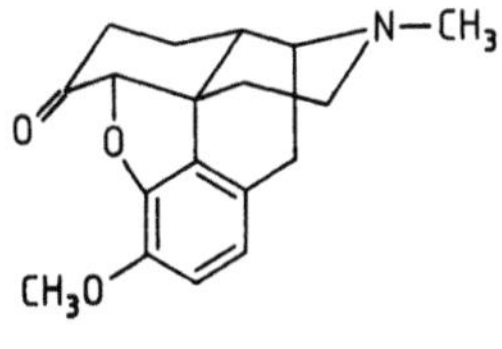

Hydrocodon

Abb. 15. Strukturformeln Dihydromorphinanalgetika und -antitussiva

Schmerztherapie beim Myokardinfarkt [723], während der Narkose [712] oder bei postoperativen Patienten [27, 408, 409, 672, 755, 767]. Echte Vorteile gegenüber den anderen potenten Opioidagonisten scheinen nicht zu bestehen.

4.5 Oxymorphon

Oxymorphon entsteht synthetisch durch Hydroxylierung von Hydromorphon (Abb. 15). Es ist etwa 10mal stärker wirksam als Morphin und besitzt ein recht hohes Abhängigkeitspotential. Übelkeit und Erbrechen sollen stärker ausgeprägt sein; zuverlässige klinische Vergleichsstudien liegen jedoch nicht vor. In Ländern, in denen Oxymorphon zugelassen ist, stehen Injektionslösungen und Suppositorien zur Verfügung. Besondere Vor- oder Nachteile gegenüber Morphin sind nicht erkennbar.

Im Rahmen der Anästhesiologie ist sein Einsatz zur Schmerzbehandlung während [299] und nach Operationen [43, 299, 576, 750] beschrieben.

4.6 Codein, Dihydrocodein und Hydrocodon

Codein, ein Inhaltsstoff von Opium, und die beiden halbsynthetischen Derivate Dihydrocodein und Hydrocodon (Formeln in Abb. 14 bzw. 15) sind zwar ebenfalls als Analgetika im Gebrauch, doch werden sie vorwiegend als zentrale *Antitussiva* eingesetzt. Sie entfalten ihre Wirkung vermutlich über spezifische Rezeptoren in der Nähe des Hustenzentrums, die nicht mit den beschriebenen Opioidrezeptoren identisch sind. Alle besitzen eine relativ gute orale Bioverfügbarkeit.

Codein entsteht durch Methylierung der 3-Hydroxylgruppe im Morphin. Diese Substitution führt nicht nur zu einer Herabsetzung der Affinität zu Opiatrezeptoren, sondern offensichtlich auch zur Behinderung des hepatischen Metabolismus. Durch N-Desalkylierung wird allmählich inaktives Norcodein, durch O-Desalkylierung Morphin gebildet. Es kann nicht ausgeschlossen werden, daß die analgetische Wirksamkeit von Codein v. a. auf dieser Biotransformationsreaktion beruht, durch die insgesamt etwa 10 % von Codein zu Morphin umgewandelt werden [8]. Als Ausscheidungsprodukte findet man im Urin Glucuronide von Codein, Norcodein und Morphin sowie kleine Anteile der unkonjugierten Verbindungen. Nach oraler oder intramuskulärer Applikation beträgt die Eliminationshalbwertszeit etwa 3 h.

4.6 Codein, Dihydrocodein und Hydrocodon

Bei gleicher Dosierung werden nach oraler Gabe etwa 60 % der parenteralen Wirksamkeit erreicht.

Die Intensität von erwünschten und unerwünschten Wirkungen ist im Vergleich zu Morphin deutlich vermindert. Mäßige Sedierung tritt meist nur zu Beginn einer Therapie auf; bei Überdosierung stellen sich eher Exzitationen ein. Übelkeit, Erbrechen oder Obstipation kommen vor, sind aber selten von klinischer Bedeutung. Gleiches gilt für eine zentrale Atemdepression. Im Bedarfsfall ist Naloxon ein wirksamer Antagonist. Toleranz und Abhängigkeit sind zwar beschrieben, stellen aber nur sehr selten ein Problem dar. Codein setzt – besonders bei intravenöser Injektion – Histamin in einem Ausmaß frei, das noch höher als bei Morphin sein soll.

Im Rahmen einer antitussiven Therapie werden meist orale Dosen von 10–60 mg verwendet. Mit 60 mg Codein ließen sich in verschiedenen Untersuchungen bei leichten bis mäßigen Schmerzzuständen analgetische Effekte erzielen, die denen von 650 mg Acetylsalicylsäure vergleichbar waren. Codeinzusätze (5–10 mg) finden sich zusammen mit antipyretisch-antiphlogistischen Analgetika in vielen oral anwendbaren analgetischen Kombinationspräparaten. Die erwünschte Wirkungsverbesserung bei geringeren Nebenwirkungen tritt dabei nicht immer auf; einige Berichte beschreiben sogar eine Zunahme unerwünschter Effekte [608, 713]. Für die anästhesiologische Routine spielt Codein (allein oder in Kombination mit antiphlogistischen Analgetika) allenfalls für die postoperative Schmerztherapie nach kleineren, ambulanten Eingriffen [563, 659, 748] oder im Rahmen der Tumorschmerzbehandlung [61] eine gewisse Rolle. Zumindest im Tierexperiment erwies sich Codein bei rückenmarknaher Applikation als antinozizeptiv wirksam [60].

Dihydrocodein ist analgetisch etwa doppelt so stark wirksam wie Codein; der Effekt von 30 mg entspricht in etwa dem von 10 mg Morphin. Die pharmakologischen Eigenschaften entsprechen weitgehend denen von Codein. Bei langdauernder Behandlung (orale Therapie von Tumorschmerzpatienten) kann – wie bei allen Opioiden – die Obstipation ein Problem werden. Für eine antitussive Wirkung werden meist 30 mg oral verwendet. Therapeutische Dosen zur Schmerztherapie sind 30–60 mg oral bzw. subkutan, oder 20–30 mg intravenös. Für die postoperative Schmerztherapie gelten ähnliche Einschränkungen wie bei Codein [500, 512].

Hydrocodon ist der analgetisch stärkste Vertreter in dieser Verbindungsgruppe, wird aber praktisch ausschließlich bei schwerem, schmerzhaftem Reizhusten eingesetzt. Im Gegensatz zu Codein und Dihydrocodein unterliegen alle Hydrocodonspezialitäten dem Betäubungsmittelgesetz, weil auch das Abhängigkeitspotential gesteigert ist. Der metabolische Abbau erfolgt durch O-Demethylierung, N-Desalkylierung und Reduktion der Ketogruppe. Auf jedem Weg entstehen pharmakologisch noch aktive Metabolite, die teilweise analgetisch stärker wirken als Morphin [140, 323]. Therapeutische Einzeldosen sind etwa 10 mg oral oder subkutan. In der neueren anästhesiologischen Literatur wird Hydrocodon praktisch nicht mehr erwähnt.

4.7 Methadon

Methadon ist der international wohl am weitesten verbreitete Vertreter einer Reihe synthetischer Opioide mit Diphenylbutylamingrundstruktur (Abb. 16). Auch bei diesen Verbindungen zeigen dreidimensionale Modelle eine Annäherung an die typische sterische Konformation, die für eine Interaktion mit µ-Opiatrezeptoren erforderlich ist.

Wie bei allen vollsynthetisch hergestellten Substanzen mit asymmetrischem Kohlenstoff fällt zunächst ein Racemat an, aus dem die linksdrehende Form (L-Methadon, Levomethadon) abgetrennt werden muß. Gegenüber dem D-Isomeren ist sie etwa 10- bis 50mal stärker analgetisch wirksam (vgl. Abb. 2) [438]. Andererseits besitzt D-Methadon antitussive Eigenschaften.

Pharmakodynamisch unterscheidet sich L-Methadon kaum vom Morphin [269, 397]; Sedierung und Euphorie sollen etwas schwächer ausgeprägt sein. Bei einmaliger Applikation einer parenteralen Dosis von 5–10 mg ist sogar die Wirkungsdauer vergleichbar. Da die hepatische Verstoffwechselung jedoch deutlich langsamer als bei Morphin und den anderen Opioiden abläuft, steigen bei repetitiver Dosierung die Blutkonzentrationen im Sinne einer *Kumulation* allmählich an; gleichzeitig nimmt die Wirkungsdauer nachfolgender Boli zu [59, 353]. Aus diesem Grund wird bei längerer Therapie zunehmend weniger L-Methadon benötigt, woraus sich dann ein Äquipotenzverhältnis von etwa 3:1 ergibt. Hiervon unabhängig ist die Dosissteigerung, die – wie bei Morphin – bei chronischer Therapie infolge von Toleranzentwicklung erforderlich werden kann. Eine weitere Besonderheit besteht wegen des geringen hepatischen First-pass-Effektes in der ausgezeichneten enteralen Wirksamkeit; die orale Bioverfügbarkeit wird mit bis zu 70 % angegeben.

Methadon ist eines der wenigen Beispiele für ein Opioid, dessen Wirkungsbeendigung (zumindest nach länger dauernder Anwendung) durch den hepatischen Metabolismus bestimmt wird. Hierbei entstehen vornehmlich N-Demethylierungsprodukte, die sich nachfolgend zu zyklischen Verbindungen umgruppieren. Sie werden über Galle und Niere ausgeschieden; im

4.7 Methadon

Urin finden sich zwischen 20 und 30 % unverstoffwechselten Methadons. Bei Niereninsuffizienz muß deshalb mit einer verlängerten Wirkung gerechnet werden. Die Eliminationshalbwertszeit liegt bei 1–2 Tagen [267, 352, 503].

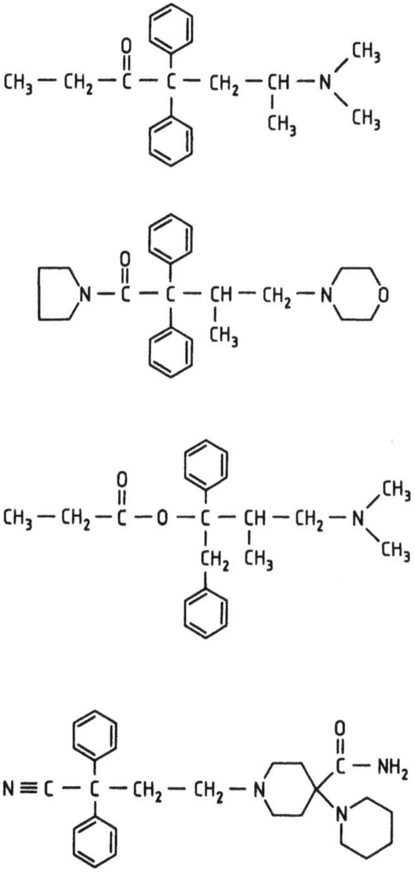

$$CH_3-CH_2-\underset{\underset{}{\|}}{C}-\underset{\underset{C_6H_5}{|}}{\overset{C_6H_5}{C}}-CH_2-CH-N\underset{CH_3}{\overset{CH_3}{\diagdown}} \quad \text{Methadon}$$

$$\underset{}{\text{Pyrrolidin}}-\underset{\underset{}{\|}}{C}-\underset{\underset{C_6H_5}{|}}{\overset{C_6H_5}{C}}-CH-CH_2-N\diagup\text{Morpholin} \quad \text{Dextromoramid}$$

$$CH_3-CH_2-\underset{\underset{}{\|}}{C}-O-\underset{\underset{CH_2C_6H_5}{|}}{\overset{C_6H_5}{C}}-CH-CH_2-N\underset{CH_3}{\overset{CH_3}{\diagdown}} \quad \text{Propoxyphen}$$

$$N\equiv C-\underset{\underset{C_6H_5}{|}}{\overset{C_6H_5}{C}}-CH_2-CH_2-N\text{-Piperidinyl-}C(=O)NH_2 \quad \text{Piritramid}$$

Abb. 16. Strukturformeln synthetischer Opioide mit Diphenylbutyl- und Diphenylpropylamingrundstruktur

Die vergleichsweise lange Wirkungsdauer nach parenteralen Applikationen hat gelegentlich zu einer Klassifizierung als "poor man's infusion" geführt. Die gute orale Wirksamkeit und die langsame Elimination macht L-

Methadon zu einer geeigneten Substanz für die Langzeittherapie von Tumorschmerzpatienten [272, 662], zur Behandlung von Entzugserscheinungen nach längeren Opiatgebrauch sowie für die (medizinpolitisch umstrittene) Ersatzbehandlung von Drogenabhängigen [351]. Es soll an dieser Stelle nicht darüber gerechtet werden, ob die legalisierte Substitution von Heroin oder Morphin durch L-Methadon sinnvoll ist oder nicht; allerdings muß ganz deutlich betont werden, daß das Abhängigkeitspotential von L-Methadon nicht größer ausfällt als das von Morphin und daß sein Einsatz zur klinischen Schmerztherapie nicht durch die Publizität beeinflußt werden darf, die diese Substanz in der Tagespresse wegen ihres Einsatzes in der Drogenszene erhalten hat. Diese Klarstellung bedeutet andererseits nicht, daß L-Methadon gravierende klinische Vorteile gegenüber Morphin besitzt, wenngleich viele Arbeitsgruppen zur postoperativen Schmerztherapie besonders gern L-Methadon einsetzen [270, 273, 504].

Therapeutische Dosierungen liegen in Abhängigkeit von der Schmerzintensität zwischen 5 und 15 mg parenteral oder oral. Der Wirkungseintritt erfolgt nach 2–5 min (intravenös), 10–20 min (intramuskulär) bzw. nach 30–60 min bei oraler Gabe [276]. Bei repetitiver bzw. langdauernder Behandlung ist weniger die Einzeldosis zu vermindern als das Applikationsintervall zu verlängern. Wie bei allen Opioiden ist eine individuelle Therapie erforderlich. Der Dosisbedarf eines Patienten kann initial am besten durch intravenöse Titration ermittelt werden [466]; hierbei gelten die gleichen Vorsichtsmaßnahmen wie bei Morphin [791]. Auch zur rückenmarknahen Applikation kann L-Methadon eingesetzt werden; positive Berichte liegen sowohl aus der Schmerzbehandlung von postoperativen [49, 205, 268, 769] als auch von Tumorpatienten [195] vor.

Bei Dosierungsvergleichen mit der Literatur muß berücksichtigt werden, daß Methadon in vielen Ländern als Racemat in den Handel kommt, während es in Deutschland nur als die pharmakologisch wirksame L-Form vertrieben wird.

4.8 Dextromoramid

Dextromoramid (Abb. 16) ist ein dem Methadon verwandtes vollsynthetisches Opioid mit vergleichbaren pharmakodynamischen Eigenschaften. Seine orale Bioverfügbarkeit ist mit mehr als 50 % ebenfalls sehr hoch, so daß es sich zur Langzeittherapie von Tumorschmerzen eignet. Wie bei L-Methadon besteht bei längerer Anwendung die Möglichkeit einer Kumulation, was eine sorgfältige Einstellung der Dosierung und Applikationsintervalle erforderlich macht. Die orale Initialdosis beträgt meist 5 mg. In

Deutschland befindet sich Dextromoramid lediglich in Tablettenform auf dem Markt, in anderen Ländern stehen auch Injektionslösungen oder Suppositorien zur Verfügung. Von Befürwortern wird es intra- oder postoperativ eingesetzt [269, 346, 437, 634, 643, 750]. Besondere Vorteile gegenüber Morphin oder anderen potenten Opioiden sind nicht erkennbar.

4.9 Propoxyphen

Propoxyphen (Abb. 16) ähnelt strukturell dem Methadon und Dextromoramid, ist jedoch wesentlich schwächer wirksam. Interessanterweise ist hier das D-Isomer (*Dextropropoxyphen*) wichtigster Träger der analgetischen Eigenschaften, während die L-Form (*Levopropoxyphen*) als Antitussivum eingesetzt werden kann. Propoxyphen bindet spezifisch an Opiatrezeptoren und muß deshalb eindeutig zu den Opioiden gerechnet werden, wenngleich es oft unter die schwächeren Analgetika eingereiht wird [524]. Es besitzt jedoch keinerlei antipyretische oder antiphlogistische Eigenschaften. Im Rahmen der Schmerzbehandlung ist D-Propoxyphen am ehesten mit Codein vergleichbar; es besitzt bei oraler Gabe etwa 50–65 % von dessen analgetischer und atemdepressiver Wirksamkeit. Für meßbare Effekte müssen mindestens 100–150 mg verordnet werden.

Die orale Bioverfügbarkeit schwankt zwischen 30 und 70 %. Die Verstoffwechselung erfolgt vornehmlich in der Leber durch N-Desalkylierung; die Eliminationshalbwertszeit nach oraler Applikation beträgt etwa 14 h [178, 277, 341].

Propoxyphen ist in vielen analgetischen Kombinationspräparaten enthalten, die lediglich der einfachen Rezeptpflicht unterstellt sind. Dadurch gehört es zu den weltweit am häufigsten verschriebenen Schmerzmitteln. Obwohl das Abhängigkeitspotential selbst im Vergleich zu Codein reduziert ist, ist Mißbrauch bekannt geworden. Weil die Substanz häufig nicht als Opioid angesehen wird, soll ausdrücklich auf die typische Wirkungsverstärkung durch Sedativa oder Alkohol hingewiesen werden; bei Überdosierung sind gravierende Atemdepressionen bekannt, die durch Naloxon antagonisiert werden können [335]. Bei plötzlichem Absetzen nach längerem Gebrauch treten leichte Entzugserscheinungen auf. In der anästhesiologischen Routine lassen sich die Einsatzgebiete von Propoxyphen mit denen des Codein vergleichen; es wird vornehmlich zur oralen Behandlung leichter postoperativer Schmerzen oder zu Beginn einer Tumorschmerztherapie verwendet, wobei es meist in Kombination mit antipyretisch-antiphlogistischen Analgetika (Acetylsalicylsäure, Paracetamol) zum Einsatz kommt [70, 645, 771].

4.10 Piritramid

Piritramid (Abb. 16) ist eine Substanz mit engen strukturellen Beziehungen zu den Methadonderivaten. Seine pharmakodynamischen Wirkungen sind nur in Nuancen vom Morphin verschieden; die analgetische und atemdepressorische Potenz wird als vergleichbar angesehen [212, 362, 456, 658]. Während es in Deutschland das am häufigsten eingesetzte postoperative Analgetikum darstellt [457], wird es in der angloamerikanischen Literatur kaum erwähnt. Über Pharmakokinetik und Metabolismus ist praktisch nichts bekannt; es steht noch nicht einmal eine analytische Nachweismethode zur Verfügung. Als besonderer Vorteil gilt die geringe Beeinflussung des Herz-Kreislauf-Systems [109, 374, 575, 688] und die fehlende Histaminfreisetzung. Nach therapeutischen Dosen von 7,5–15 mg (i.m., i.v.) fällt die Wirkungsdauer üblicherweise etwas länger aus als nach Morphin. Übelkeit und Erbrechen werden seltener beobachtet; die sedierende Komponente soll etwas stärker ausgeprägt sein. Wegen der vergleichsweise wenigen systematischen Untersuchungen sind derartige Vergleiche jedoch problematisch. Nichtsdestoweniger hat sich Piritramid klinisch als ein potentes, gut verträgliches Analgetikum mit einer vernünftigen Wirkungsdauer bewährt. Haupteinsatzgebiet ist die Schmerzbehandlung im Rettungswesen [165] und in der postoperativen Phase [164, 456, 669, 755]. Auch eine rückenmarknahe Anwendung wurde beschrieben; 7,5 mg peridural ergaben eine mittlere Wirkungsdauer von 10 h [702].

4.11 Pethidin

Pethidin (amerikanisch: Meperidin) ist ein 1939 eingeführtes synthetisches Opioid aus der Reihe der *Phenylpiperidine*, das in vieler Hinsicht dem Morphin ähnelt. Aus Abb. 17 wird deutlich, daß Pethidin eine gewisse strukturelle Verwandtschaft zu Atropin aufweist, was sich auch im Wirkungsspektrum andeutet. Außerdem scheint es geringe chinidinartige Eigenschaften zu besitzen. Nichtsdestoweniger ist Pethidin ein klassischer Opiatagonist mit Wirkungen am µ- und vielleicht auch am κ-Rezeptor.

Der breite Raum, der Pethidin in pharmakologischen Lehrbüchern gewidmet wird, ist wohl dadurch zu erklären, daß über diese seit Jahrzehnten verordnete Substanz außerordentlich viele Untersuchungen vorliegen und daß Pethidin bis heute das bevorzugte systemische Analgetikum unter der Geburt darstellt. Angesichts der breiten Palette heute verfügbarer Opioide ist diese Bevorzugung klinisch aber durch nichts gerechtfertigt. In äqui-

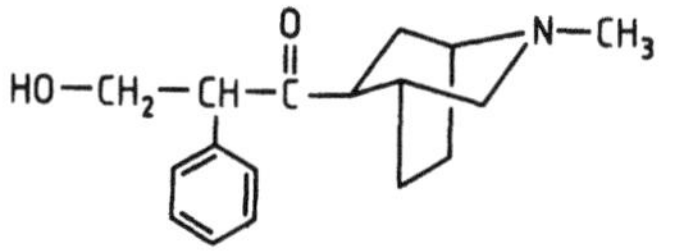

Atropin

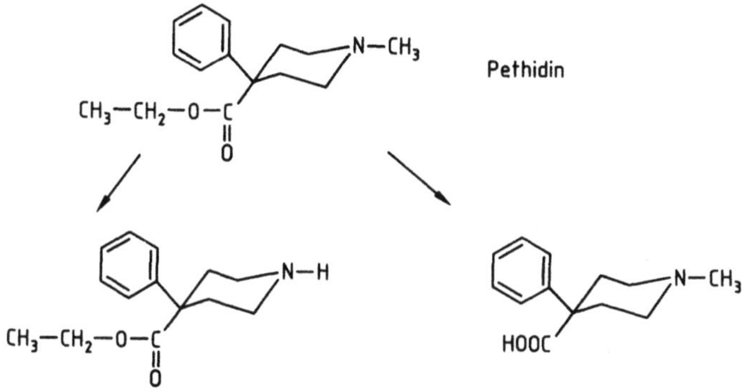

Pethidin

Norpethidin

Pethidinsäure

Abb. 17. Strukturformeln Atropin; Pethidin mit Metaboliten

potenten Dosierungen unterscheiden sich die Hauptwirkungen von Pethidin kaum von denen des Morphin oder anderer synthetischer Derivate.

Die anticholinergen (atropinartigen) Wirkungskomponenten betreffen die Pupillen (Miosis herrscht zwar vor, hält aber nicht so lange an), die Herzfrequenz (Bradykardie herrscht zwar vor, gelegentlich kann jedoch auch eine klinisch auffällige Tachykardie beobachtet werden) und die glatte Muskulatur der Verdauungs- und Ausscheidungsorgane (die Tonuserhöhung der Darmmuskulatur mit Hemmung der propulsiven Peristaltik oder die Druckerhöhung in Gallen- und Pankreasgängen sind etwas geringer ausgeprägt; Obstipation wird seltener beobachtet). Zusätzlich kann gelegentlich ein trockener Mund beobachtet werden. Als Antitussivum eignet sich Pethidin kaum. Wegen der chinidinartigen Wirkungen soll eine Prävention oder gar Therapie ventrikulärer Arrhythmien möglich sein.

Pethidin wird sowohl nach enteraler (oraler, rektaler) als auch parenteraler Injektion gut resorbiert. Wegen des ausgeprägten hepatischen First-pass-Effektes beträgt die orale Bioverfügbarkeit jedoch nur etwa 50–80, die rektale 40 % [345, 502]. Als Hauptprodukte entstehen durch Hydrolyse Pethidinsäure oder durch N-Desalkylierung *Norpethidin* (Abb. 17). Letzteres besitzt noch etwa die Hälfte der analgetischen Wirksamkeit von Pethidin; hinzu kommen aber konvulsive Wirkungskomponenten [342]. Dies ist deshalb von klinischer Bedeutung, weil Norpethidin eine deutlich verlängerte Eliminationshalbwertszeit von 15–40 h besitzt, während diese für Pethidin selbst nur etwa 3–4 h beträgt [410, 501, 503, 504]. Bei repetitiver Injektion und längerem Gebrauch kann es deshalb zu einer Kumulation des Metaboliten kommen, die für typische (Intoxikations)nebenwirkungen wie Halluzinationen, Myokloni oder Konvulsionen verantwortlich gemacht wird [22]. Aus diesem Grund ist Pethidin auch nicht die Droge der ersten Wahl bei Opiatabhängigen. Die Ausscheidung der Metabolite erfolgt überwiegend durch die Niere. Ein enterohepatischer Kreislauf ist zwar bekannt, doch spielt er wohl keine bedeutende Rolle [185]. Auf die Wirkungsverstärkung durch Interaktion mit Monoaminooxidasehemmern, die den Abbau beeinträchtigen, wurde bereits hingewiesen [204]. Bei Lebererkrankungen nehmen orale Bioverfügbarkeit und Eliminationshalbwertszeit zu; bei Zirrhotikern wurde fast eine Verdoppelung beobachtet [399, 551, 599]. Ist die Nierenfunktion eingeschränkt, werden die toxischen Wirkungen von Norpethidin eher manifest. Die stärkere Wirksamkeit von Pethidin bei älteren Patienten wird u. a. auf eine Erniedrigung der Plasmaproteinbindung zurückgeführt [314, 501].

In therapeutischen Dosierungen, die mit 50–100 mg etwa 10mal höher als bei Morphin liegen, beträgt die Wirkungsdauer i. allg. nur 2–3 h. Einige Autoren vermuteten, daß die analgetische Wirksamkeit wegen der atropinartigen Komponente bei viszeralen Schmerzen stärker als bei peripher ausgelösten ist, doch gibt es für diesen Verdacht kaum gesicherte klinische Belege [452]. Der Wirkungseintritt erfolgt nach intravenöser Injektion innerhalb von 2–4 min, bei intramuskulärer Applikation nach etwa 10 min und bei oraler Gabe nach etwa 15–60 min.

Im Rahmen der *Geburtshilfe* werden meist intramuskuläre Initialdosen von 100–150 mg gegeben, sobald die Wehen gleichmäßig und schmerzhaft geworden sind. Diese Dosen können in 2- bis 3stündigen Abständen wiederholt werden; auch intravenöse Repetitionen sind möglich [233, 538, 604, 637, 676]. Unter solchen Bedingungen beeinflußt Pethidin die Uterusaktivität während oder nach der Geburt kaum [222]. Das Medikament durchdringt relativ zügig die Plazenta, was sich selbst nach therapeutischen Dosen in einer leichten Dämpfung der kindlichen Spontanatmung und des Verhaltens äußert [422]. Dieser Effekt wird dadurch unterstützt, daß der freie, nicht an Plasmaproteine gebundene Pethidinanteil beim Neugeborenen deutlich größer ausfällt als bei der Mutter [536, 549]. Naloxon (vorzugsweise dem Säugling gegeben anstatt der Mutter kurz vor der Entbindung) ist hierbei ein sicherer Antagonist; es sollte jedoch nicht vergessen werden, daß die terminale Elimination von Pethidin beim Neugeborenen etwa 7mal länger dauert als bei Erwachsenen. Pethidin tritt ferner in die Muttermilch über; der Anteil beträgt jedoch nur etwa 0,1 % der Gesamtdosis und ist deshalb für den Säugling zu vernachlässigen [581]. Eine rückenmarknahe Applikation von Pethidin, allein oder in Kombination mit Lokalanästhetika, wurde mehrfach beschrieben; es finden sich sogar Berichte über die ausschließliche Verwendung von Pethidin zur Spinalanästhesie [6, 94, 95, 145, 180, 210, 274, 657, 709, 710, 711, 769].

4.12 Andere Phenylpiperidine

Phenoperidin (Abb. 18) ist ein in Deutschland nicht verfügbares Pethidinderivat, das sich durch eine erheblich höhere Potenz (etwa 5mal so stark wie Morphin) und eine wesentlich kürzere Wirkungsdauer auszeichnet. In pharmakodynamischer Hinsicht unterscheidet es sich nicht von den anderen Opioidagonisten. Die Pharmakokinetik ist in einigen neueren Untersuchungen gut definiert [219,220]. Phenoperidin wird u.a. zu Pethidin und dessen Metaboliten verstoffwechselt und ähnlich wie diese über die Niere ausgeschieden; der Anteil unveränderter Substanz im Urin beträgt bis zu 50% [528]. Nach einer intravenösen Injektion von 0,5–1 mg setzt die Wirkung auf postoperative Schmerzen innerhalb von 2–3 min ein und hält etwa 1–1,5 h an. Bei höheren Dosierungen (2–5 mg) werden häufig Apnoen beobachtet, was im Rahmen der intensivmedizinischen Analgosedierung ausgenutzt werden kann. Die hohe Potenz bei kurzer Wirkungsdauer machte Phenoperidin zum ersten relativ gut steuerbaren intraoperativen Analgetikum, und in der Frühphase der Neuroleptanalgesie war es das bevorzugte Opioid. Durch die Entwicklung von Substanzen aus der Fentanylgruppe wurde es allmählich aus der anästhesiologischen Routine verdrängt. Nichtsdestoweniger wird Phenoperidin von ausländischen Autoren auch heute noch zur Prämedikation vor schmerzhaften Kurzeingriffen [803], als intraoperatives Analgetikum [219, 220, 308] und im Rahmen der Analgosedierung [63, 518, 526] eingesetzt. Auch eine rückenmarknahe Applikation ist möglich [490].

Alphaprodin (Abb. 18) unterscheidet sich vom Pethidin nur durch eine Methylgruppe. Seine Potenz liegt zwischen der von Morphin und Pethidin, die Wirkungsdauer im üblichen Dosisbereich (30–60 mg oral oder intramuskulär) beträgt nur etwa 1–2 h. In der anästhesiologischen Praxis hat es sich nicht durchsetzen können.

Auch *Ketobemidon* (früher bekannt als Cliradon) ähnelt strukturell dem Pethidin (Abb. 18). Es ist in Deutschland nicht verfügbar, erfreut sich aber

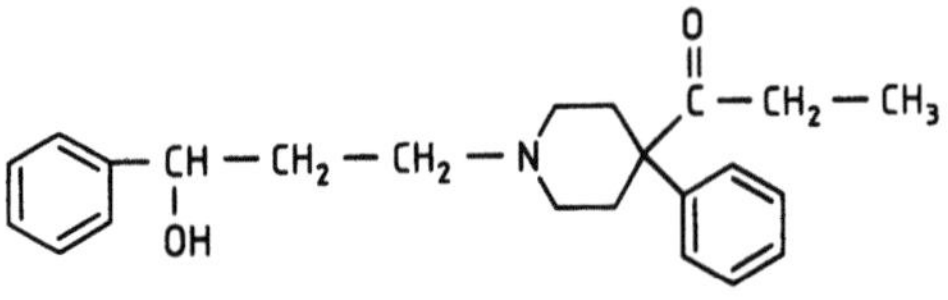

4 Opioidagonisten

Phenoperidin

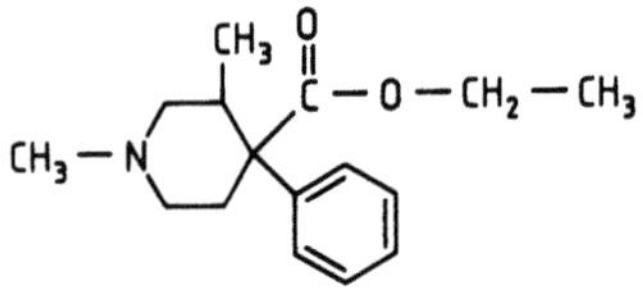

Alphaprodin

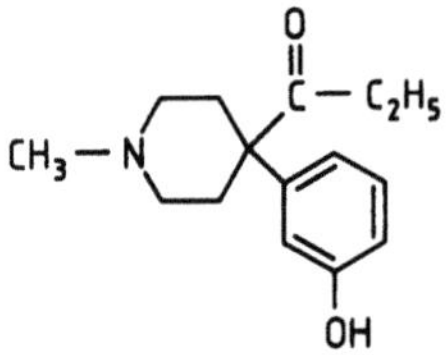

Ketobemidon

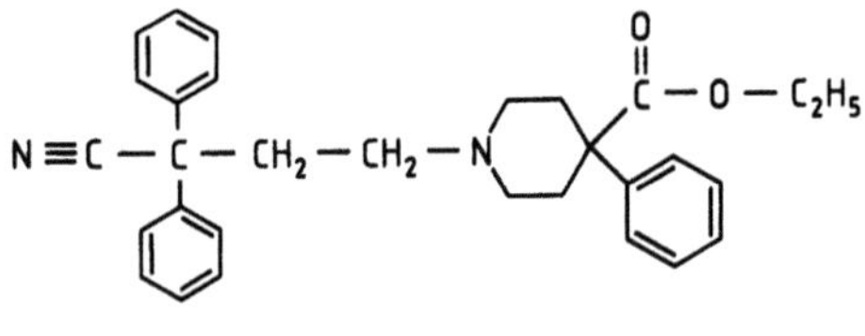

Diphenoxylat

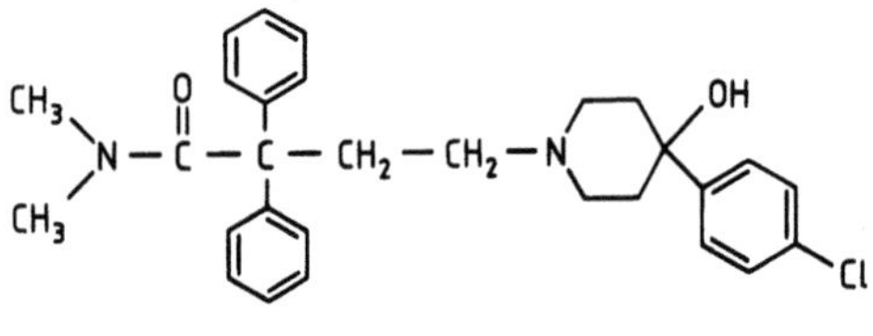

Loperamid

Abb. 18. Strukturformeln anderer Phenylpiperidine

in Skandinavien einer großen Beliebtheit, wo es in Kombination mit einem Spasmolytikum als Ketogin eingesetzt wird. Seine Potenz entspricht der des Morphins, und auch Wirkungseintritt wie -dauer sind vergleichbar. Als Vorteil wird herausgestellt, daß zur Erzeugung einer Euphorie (und damit schließlich zur Abhängigkeit) deutlich höhere Dosen als für einen analgetischen Effekt benötigt werden. Ketobemidon kann oral, rektal und parenteral appliziert werden; die übliche Dosis beträgt 10 mg. Die orale Bioverfügbarkeit ist jedoch sehr variabel mit einem Mittelwert von 34 % [75]. Der Metabolismus erfolgt vornehmlich in Form einer N-Desalkylierung zu Norketobemidon [14]. Haupteinsatzgebiet ist die postoperative Schmerztherapie [123, 759, 760].

Abschließend soll noch erwähnt werden, daß die als Antidiarrhoika verwendeten Opioide *Diphenoxylat* und *Loperamid* (Imodium) ebenfalls in die Gruppe der Phenylpiperidine einzuordnen sind.

4.13 Fentanyl

Der heutige Standard der Anästhesiologie wurde ganz entscheidend durch die Entwicklung lipophiler µ-Agonisten aus der Gruppe der *Anilinopiperidine* (Abb. 19) geprägt, die chemisch den Phenylpiperidinen sehr nahe stehen. Sie zeichnen sich durch außerordentliche Potenz, raschen Wirkungseintritt (innerhalb der Kreislaufzeit) und kurze Wirkungsdauer sowie einen besonders hohen therapeutischen Index aus, was sie zu fast idealen, gut steuerbaren intravenösen Analgetika im Rahmen beliebiger operativer Eingriffe macht. Während für Carfentanil und Lofentanil noch kaum klinische Erfahrungen vorliegen, haben sich Fentanyl, Alfentanil und neuerdings auch Sufentanil einen festen Platz in der Narkosepraxis gesichert.
Fentanyl besitzt alle klassischen Eigenschaften eines µ-Agonisten und unterscheidet sich in äquipotenter Dosierung kaum vom Morphin [20, 448, 504]. Seine Kreislaufwirkungen sind jedoch deutlich schwächer ausgeprägt [432, 647], und Histaminfreisetzung kommt praktisch nicht vor (allergische Reaktionen sind eine Seltenheit [52, 315]). Auch die hypnotischen oder sedierenden Wirkungskomponenten fallen relativ gering aus. Auf die Entwicklung einer Thoraxrigidität, die besonders bei rascher Injektion bei allen potenten Opioiden mit schnellem Wirkungseintritt erfolgen kann, wurde bereits hingewiesen. Die gute Verträglichkeit veranlaßte v.a. amerikanische Anästhesisten, Fentanyl in sehr hohen Dosierungen (100–150 µg/kg KG) als einziges Medikament bei kardiovaskulären Operationen einzusetzen. Es ist fraglich, ob die narkotischen Effekte bei dieser Anwendungsform durch spezifische Opiatrezeptoren vermittelt werden. Nichtsdestoweniger erfreut sich die sog. „*stress-free anaesthesia*" bei kardio- und neurochirurgischen Eingriffen in den USA großer Beliebtheit, obwohl hierunter gehäuft intraoperative Wachzustände zu beobachten sind [263, 493, 701, 732, 765, 815]. Eine stundenlange postoperative Beatmung ist dabei natürlich obligat.

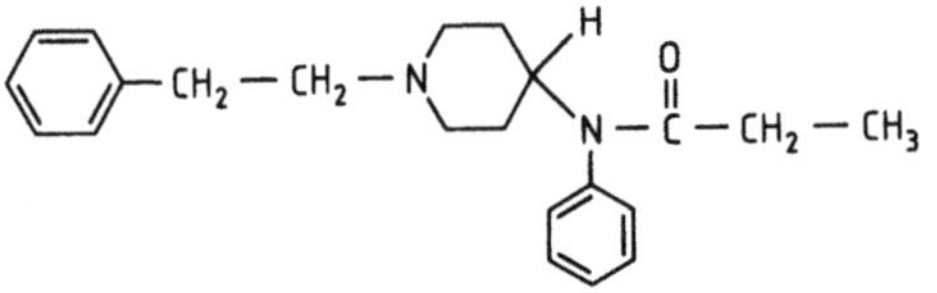

Fentanyl

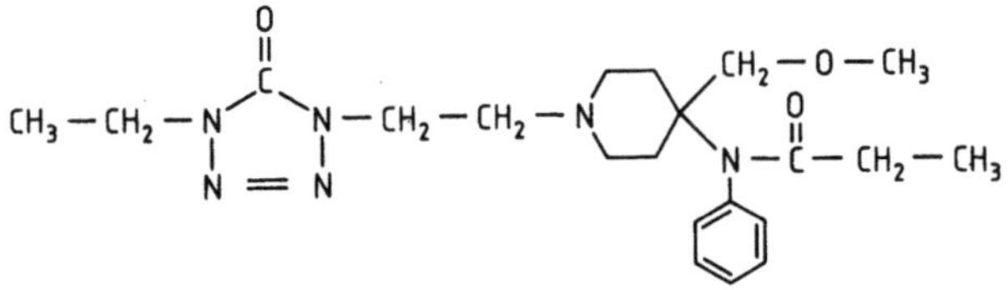

Alfentanil

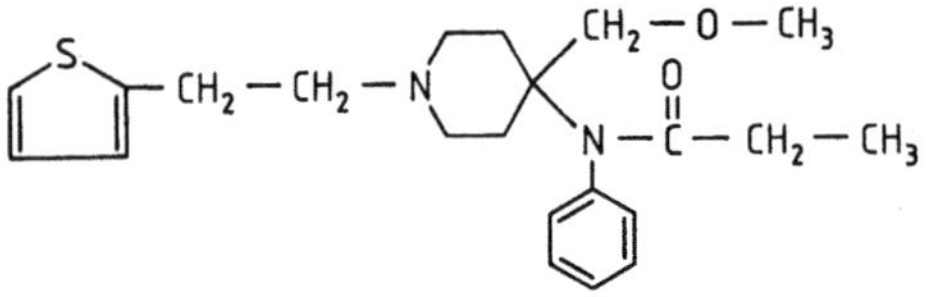

Sufentanil

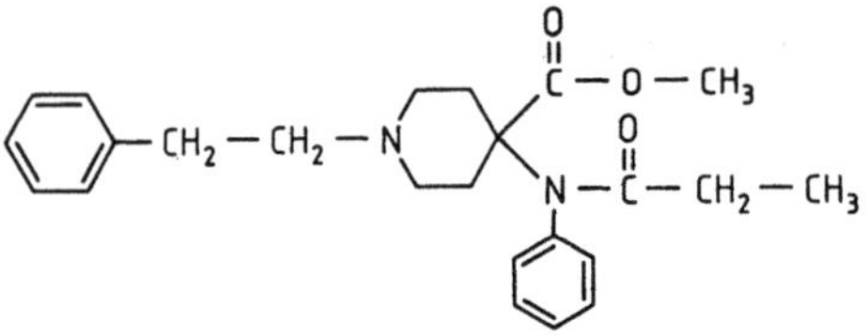

Carfentanil

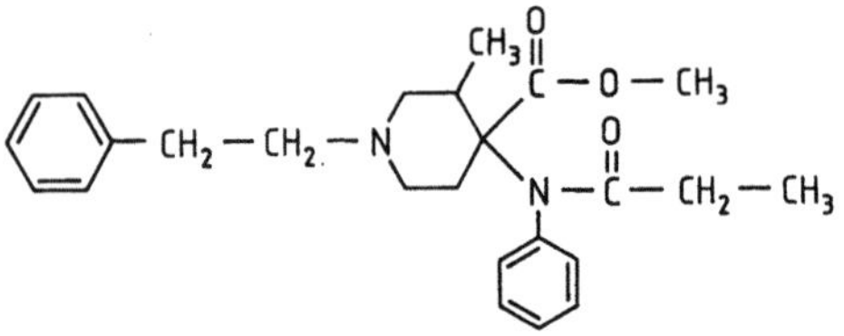

Lofentanil

Abb. 19. Strukturformeln von Anilinopiperidinen

Während also für die pharmakodynamischen Eigenschaften keine wesentlichen Besonderheiten zu beschreiben sind, stellen die sachgemäße Anwendung während der Narkose sowie die daraus resultierenden postoperativen Gefahren nach wie vor noch ein Problem dar. Sie erhielten durch pharmakokinetische Untersuchungen ein besonderes Gewicht, und obwohl es nicht das Ziel dieses Buches sein kann, geeignete Narkosestrategien zu kommentieren, soll doch einigen Mißverständnissen vorgebeugt werden.

In Verbindung mit Lachgas und dem Neuroleptikum Droperidol bewirkt Fentanyl einen anästhetischen Zustand, der als *Neuroleptanalgesie* beschrieben wurde. Es ist heute jedoch keine Frage mehr, daß vergleichbare Zustände auch durch die Kombination von Fentanyl mit Benzodiazepinen, Hypnotika (z. B. Barbiturate, Etomidat, Propofol) oder niedrigen Konzentrationen von Inhalationsanästhetika erzielt werden können – Verfahren, für die sich der Begriff „*balanced anaesthesia*" eingebürgert hat. Hierbei spielt Fentanyl vermutlich lediglich die Rolle eines Analgetikums, und es ist auch heute noch fast unmöglich vorauszusagen, welche Fentanyldosierungen im Rahmen der „*balanced anaesthesia*" tatsächlich erforderlich sind. Viele Befunde sprechen dafür, daß bei dieser Narkosetechnik Plasmakonzentrationen um 1–2 ng/ml ausreichen. Nichtsdestoweniger kommen hämodynamische „Entgleisungen" in der täglichen Praxis häufig vor, also Situationen, in denen Blutdruck und/oder Puls ansteigen und auch durch Nachinjektion von Fentanyl nicht unter Kontrolle zu bringen sind. Die Gründe hierfür sind noch kaum verstanden, jedoch verdichten sich die Hinweise, daß eine unzureichende *Analgesie* hierbei nicht die wichtigste Rolle spielt. Wenn dennoch Fentanyl regelmäßig und in relativ hohen Gesamtdosen nachinjiziert wird, bedeutet dies eine *Überdosierung* mit der Folge eines postoperativen *Überhangs*. In der postoperativen Phase manifestiert sich die daraus resultierende *Atemdepression* in der Regel nicht sofort, sondern erst, wenn die vielfältigen Stimulationen in der Extubations- und frühen Aufwachphase nachgelassen haben und der Patient wieder einschläft [46]. Weil Naloxon eine noch kürzere Wirksamkeit als Fentanyl besitzt, kann eine zunächst antagonisierte Atemdepression auch nach Abklingen der Naloxoneffekte wieder einsetzen. Unglücklicherweise wurde der Sachverhalt des *Fentanylrebound* mit einem Wiederanstieg von Fentanylplasmakonzentrationen in Zusammenhang gebracht, der bei allen basischen Phenyl- und Anilinopiperidinen beobachtet werden kann [633]. Die Hypothese, daß Fentanyl im sauren Mageninhalt sequestriert und erst später nach duodenaler Neutralisation wieder resorbiert wird, ist zwar unbestritten; wegen des nachfolgenden hepatischen Firstpass-Effektes mit einer Extraktionsrate von etwa 65–80 % spielt dieser Mechanismus aber klinisch keine Rolle [444, 739]. Die Entstehung der „*secondary peaks*" in den Konzentrationsverläufen von Fentanyl im Plasma wird heute eher durch Umverteilung aus der Muskulatur erklärt [328, 331, 444, 446]. Ihr Ausmaß ist bei sachgemäßer intraoperativer Dosierung so gering, daß Auswirkungen auf die Spontanatmung praktisch ausgeschlossen werden können. Auch in der Lunge kann Fentanyl primär gespeichert werden, jedoch erfolgt die Rückverteilung aus diesem Depot innerhalb von wenigen Minuten [55, 331, 446, 639, 752]. Eine positive Auswirkung der beschriebenen Kontroverse ist allerdings darin zu sehen, daß die Pharmakokinetik von Fentanyl heute außerordentlich gut untersucht ist und daß es hinsichtlich altersbedingter Unterschiede [404, 681, 706, 707] oder der Einflüsse verschiedener Erkrankungen [54, 144, 291] kaum noch Unklarheiten gibt. Nieren- oder Leberinsuffizienz spielen danach keine Rolle. Andererseits ist von Halothan bekannt, daß es die Pharmakokinetik von Fentanyl im Sinne einer verlangsamten Elimination verändert [445]. Fentanyl durchdringt die Plazenta relativ leicht; im üblichen Dosisbereich ist jedoch kaum mit einer Gefährdung des Neugeborenen zu rechnen; dies gilt gleichermaßen für die systemische wie für die rückenmarknahe Applikation [106, 147, 196].

Durch die gute Kenntnis der Pharmakokinetik sind Infusionsregime entwickelt worden, die es gestatten, beliebige Plasmakonzentrationen während und nach der Operation einzustellen [312, 338, 406, 511, 555, 694, 724, 807]. Trotzdem bleibt die bereits erwähnte Unsicherheit über den Stellenwert von Fentanylspiegeln [458, 461, 694]. Die mittlere Eliminationshalbwertszeit von Fentanyl unterscheidet sich nicht wesentlich von der des Morphins; hieraus ist abzuleiten, daß die rasche Wirkungsbeendigung vornehmlich durch Umverteilungsphänomene zustande kommt. An dieser Stelle ist auf ein weiteres Mißverständnis hinzuweisen: wann immer die Umverteilung dominiert, ist eine *Kumulation* bei repetitiver Gabe nicht auszuschließen [330]. Da aber Fentanyl üblicherweise nicht in festen Zeitintervallen, sondern nach klinischer Wirkung dosiert wird, spielt dies in der Praxis keine entscheidende Rolle. Wenn Fentanylkonzentrationen im Laufe einer Narkose dennoch ansteigen, ist eher von einer *akuten Toleranz* auszugehen [29, 461].

Fentanyl wird in der Leber intensiv verstoffwechselt; der Hauptabbauweg führt über eine oxidative N-Desalkylierung zum pharmakologisch inaktiven Norfentanyl. In geringerem Ausmaß ist auch eine Esterhydrolyse zu Despropionylfentanyl gefunden worden. Es gibt Hinweise auf die Bildung eines pharmakologisch wirksamen Metaboliten (p-Hydroxyfentanyl), der jedoch vermutlich mit der Galle ausgeschieden wird und nicht in den systemischen Kreislauf gelangt [266, 330, 331, 443, 445, 446, 545]. Wegen der hepatischen Biotransformation eignet sich Fentanyl vornehmlich zur parenteralen Anwendung; allerdings ist auch eine sublinguale Applikation beschrieben [530, 745]. Neuerdings wird zusätzlich eine transdermale Gabe erprobt, was sich v. a. für eine Langzeittherapie von Tumorschmerzpatienten empfehlen würde [78, 190]. Die in Europa üblichen therapeutischen Dosierungen zur Einleitung einer „balanced anaesthesia" liegen bei 3-5 µg/kg KG; geringere Mengen sind zur Prophylaxe sympathikotoner Reaktionen unzuverlässig. Für Nachinjektionen (meist nach ca. 30 min) werden 0,1–0,2 mg verwendet. Im letztgenannten Dosisbereich eignet sich Fentanyl zur akuten Schmerztherapie bei Traumen oder schmerzhaften postoperativen Manipulationen wie z. B. bei Verbandswechseln oder Mobilisierungen. Im Rahmen der postoperativen intravenösen On-demand-Analgesie werden nach Routineeingriffen pro Tag etwa 0,6–1 mg Fentanyl benötigt [449, 461]. Fentanyl wurde mit Erfolg zur periduralen und intrathekalen Analgesie eingesetzt [37, 66, 128, 145, 324, 769, 799], wobei sich Kombinationen mit Lokalanästhetika sowohl intra- als auch postoperativ, zur Geburtshilfe und im Rahmen der Tumorschmerztherapie besonders bewährt haben [30, 111, 135, 221, 248, 654].

Nur am Rande sei vermerkt, daß Fentanyl auch in einer fixen Kombination mit dem Butyrophenonneuroleptikum Droperidol im Handel ist (Thalamonal; Injektionslösung mit 0,1 mg Fentanyl und 5 mg Droperidol). Während Thalamonal in der Frühphase der Neuroleptanalgesie gern zur Prämedikation eingesetzt wurde, spielt es heute eine zunehmend geringere Rolle. Hierfür sind Droperidolnebenwirkungen genau so verantwortlich zu machen wie die Einsicht, daß Analgetika keinen begründeten Platz in der Routineprämedikation besitzen.

4.14 Alfentanil

Alfentanil (Abb. 19) stellt das z. Z. am kürzesten wirksame Opioid dar [333, 831]. Die Wirkung setzt bei intravenöser Injektion innerhalb der Kreislaufzeit ein und klingt bereits nach etwa 10 min wieder ab. Die analgetische Potenz, gemessen zum Zeitpunkt des Maximaleffektes, beträgt etwa 30 % der von Fentanyl; berücksichtigt man zusätzlich die Wirkungsdauer, ergibt sich ein Äquipotenzverhältnis von etwa 1:10. Das Zeitprofil ist vornehmlich eine Konsequenz der physikochemischen Eigenschaften. Aufgrund des niedrigen pK_a-Wertes liegt bei physiologischem pH nur ein relativ geringer Anteil in der hydrophilen, protonisierten Form vor; der Rest kann besonders rasch durch die Blut-Hirn-Schranke penetrieren [514]. Die Gewebsbindung ist deutlich geringer als bei Fentanyl, so daß das Verteilungsvolumen niedriger ausfällt, was in Verbindung mit dem intensiven hepatischen Metabolismus (Extraktionsrate etwa 50 %) zu einer kurzen Halbwertszeit führt [332, 503, 521]. Die Stoffwechselrouten sind beim Menschen noch nicht genau spezifiziert; N-Desalkylierung und Spaltung des heterozyklischen Fünfringsystems dürften gleichermaßen beteiligt sein. Bei Leberinsuffizienz scheint die Elimination verlangsamt zu sein [115, 215, 695], während Nierenerkrankungen keinen Einfluß auf die Pharmakokinetik besitzen [116]. Die Auswirkungen des Lebensalters sind noch umstritten; in einer Untersuchung nahm die Clearance bei älteren Patienten um 50–60 % ab [386], in anderen war keine deutliche Korrelation zu finden [307, 681]. Ähnliche Diskrepanzen bestehen auch für die Verhältnisse bei Kindern und Säuglingen [265, 513, 652].

Die pharmakodynamischen Eigenschaften von Alfentanil entsprechend weitgehend denen des Fentanyls. Eine Bradykardie ist üblicherweise stärker ausgeprägt, und die Inzidenz von Thoraxrigidität bei rascher intravenöser Injektion scheint etwas höher zu sein. Grundsätzlich läßt sich Alfentanil als intraoperatives Analgetikum wie Fentanyl verwenden. Die kurze Wirkungsdauer erfordert bei längeren Eingriffen jedoch meist eine Dauerinfusion, die zwar von manchen Autoren empfohlen wird [31, 188, 338, 484, 695], klinisch aber eigentlich überflüssig ist, weil hier nichts gegen die Verwendung von Fentanyl spricht. Eine Reihe von Arbeiten beschreiben denn auch (trotz der kurzen Wirkungsdauer) z. T. gravierende postoperative Atmungsprobleme, die nach unkritisch hoch dosierten intraoperativen Infusionsregimen aufgetreten sind [107, 612, 687, 835]. Im Rahmen der intensivmedizinischen Analgosedierung könnten Alfentanilinfusionen allerdings von Vorteil sein, weil sich der Zustand der Patienten nach Absetzen schneller als sonst üblich erholt [134, 458, 682, 823]. Nach Ansicht des Verfassers ist Alfentanil demgegenüber sicher ein Gewinn bei sehr kurzen (sogar ambulanten) Eingriffen [300, 319, 675], zur Einleitung der Sectionarkose [156, 254, 623] oder als letztes analgetisches Supplement im Rahmen längerer, mit Fentanyl geführter Narkosen, falls kurz vor Beendigung der Operation noch einmal ein Analgetikum erforderlich sein sollte (*On-top*-Alfentanil) [243]. Die letztgenannte Variante gestattet es zudem, schon frühzeitig mit der Repetition von Fentanyl (oder auch der Zufuhr volatiler Anästhetika) aufzuhören und damit eine insgesamt deutlich verkürzte Aufwachphase zu gewährleisten. Für die Dosierung im Rahmen der Anästhesie kann als Faustregel gelten, die von Fentanyl gewohnten Mengen mit 10 zu multiplizieren. Die kurze Wirkungsdauer von Alfentanil spricht gegen einen Einsatz zur postoperativen Schmerztherapie, wenngleich mit der intravenösen On-demand-Analgesie durchaus akzeptable Resultate erzielt werden konnten [377, 449, 800]. Wie bei den meisten Opioiden wurde auch mit Alfentanil eine rückenmarknahe Applikation versucht, doch sind die Ergebnisse i. allg. nicht sehr befriedigend [114, 128, 254, 316, 583].

4.15 Sufentanil

Sufentanil (Abb. 19) ist der jüngste klinisch eingesetzte Vertreter aus der Fentanylfamilie; die Zulassung in Deutschland ist in nächster Zukunft zu erwarten. Es handelt sich wieder um einen reinen µ-Agonisten, der im Vergleich zu Fentanyl etwa doppelt so lipophil ist, eine etwa 30fach höhere Affinität zum Opiatrezeptor besitzt [726] und dessen analgetische Potenz beim Menschen etwa 5- bis 7mal größer ist. Der Wirkungseintritt erfolgt noch etwas schneller, die Wirkungsdauer ist geringfügig kürzer. Die pharmakodynamischen Eigenschaften entsprechen weitestgehend denen des Fentanyl.

Wie seine Vorläufer wird Sufentanil in der Leber intensiv verstoffwechselt; die hepatische Extraktionsrate beträgt etwa 85 %. Aus Tierexperimenten ist bekannt, daß die Hauptabbauwege in einer N- und O-Desalkylierung bestehen und daß weniger als 3 % unverändert mit dem Urin ausgeschieden wird. Die Pharmakokinetik ist bereits recht gut untersucht [80, 158, 228, 279, 280, 503, 514]; die extrem niedrigen Konzentrationen erfordern jedoch außerordentlich empfindliche Nachweismethoden [521, 801]. Bei Niereninsuffizienz ist möglicherweise mit einer verzögerten Elimination zu rechnen [159, 246, 808]. Lebererkrankungen (Zirrhosen) scheinen keine Auswirkungen auf Plasmaproteinbindung und Pharmakokinetik von Sufentanil zu besitzen [117]; Einflüsse eines erhöhten Lebensalters sind noch nicht beschrieben worden.

Wie bereits erwähnt, nimmt die therapeutische Breite von Opioiden offensichtlich mit ihrer Potenz zu (Tabelle 15). Aus diesem Grund verdrängt Sufentanil neuerdings das Fentanyl aus der sog. „stress-free anaesthesia" bei herzchirurgischen Eingriffen, wobei Dosen von 10–30 µg/kg KG zur Anwendung kommen. Histaminfreisetzung unter Sufentanil ist bisher nicht bekannt [227, 647], und die hämodynamische Verträglichkeit gilt als ausgezeichnet [432, 647]. Ob Sufentanil auch bei Standardoperationen wirkliche Vorteile gegenüber Fentanyl besitzt, bleibt derzeit noch fraglich [87, 225, 259, 593, 649]; ein erfolgreicher Einsatz bei Phäochromozytom oder maligner Hyperthermie wurden beschrieben [697, 772]. Die hohe Potenz könnte vielleicht im Rahmen von transdermalen Applikationsregimen von Vorteil sein. In Dosen von 1,5–3 µg/kg KG intranasal scheint sich Sufentanil nach ersten Berichten zur nichtinvasiven Narkoseeinleitung bei Kindern zu eignen [310]. Auch für die rückenmarknahe Anwendung, besonders in Kombination mit Lokalanästhetika, liegen schon sehr positive Berichte vor [32, 51, 136, 167, 169, 591, 592, 649, 780, 782].

Tabelle 15. Therapeutische Breite einiger Opioide im Rattenexperiment. (Nach [503])

	ED_{50} (mg/kg KG)	LD_{50} (mg/kg KG)	therapeutische Breite LD_{50}/ED_{50}
Pethidin	6,04	29	4,8
Morphin	3,21	223	69
Lofentanil	0,0007	0,2	286
Fentanyl	0,011	3,5	323
Alfentanil	0,044	47,5	1080
Carfentanil	0,00032	3,39	10594
Sufentanil	0,00071	17,9	25211

4.16 Carfentanil und Lofentanil

Diese beiden Fentanylderivate (Abb. 19) spielen derzeit in der Klinik noch keine Rolle. Sie sollen dennoch kurz erwähnt werden, weil sie die bisherigen Extreme hinsichtlich Potenz und Wirkungsdauer darstellen.

Carfentanil ist etwa 32mal so potent wie Fentanyl und besitzt eine außerordentlich hohe therapeutische Breite [503]. Es wird in der Veterinärmedizin benutzt, wo man mit einem Volumen von etwa 1 ml sogar einen 6 t schweren Elefanten betäuben kann; die Wirkung ist sicher durch Naloxon reversibel.

Lofentanil ist nicht ganz so potent wie Carfentanil, besitzt dafür aber die längste Wirkungsdauer aller bekannten Opioide. Möglicherweise bindet es so fest an die Opiatrezeptoren, daß es erst bei deren biologischem Abbau unwirksam wird. Lofentanil eignet sich deshalb besonders gut zur Untersuchung der Vorgänge am Rezeptor. Es wurde verschiedentlich klinisch erprobt [62], doch sind die lang anhaltenden Atemdepressionen (z. B. 48 h nach nur 0,7 µg/kg KG !) ein entscheidendes Hindernis. Aus diesem Grund scheint im Moment weder die systemische noch die rückenmarknahe Anwendung sinnvoll.

4.17 Tilidin

Tilidin (Abb. 20) stellt ein zentral wirksames Analgetikum mit einer gewissen strukturellen Verwandtschaft zu Pethidin dar. Über seine Einordnung als reiner Agonist oder Agonist-Antagonist gibt es Meinungsverschiedenheiten; die meisten Autoren betrachteten Tilidin als Agonisten, weil seine pharmakodynamischen Wirkungen im wesentlichen denen des Morphin entsprechen. Ein antitussiver Effekt fehlt weitgehend. Entgegen vielen Angaben in Pharmakologiebüchern ist das atemdepressorische Potential in äquipotenten Dosen dem des Morphins vergleichbar. Die kardiovaskulären Wirkungen sind gering ausgeprägt [245, 744]. Tilidin besitzt ein beträchtliches Suchtpotential und gehörte früher zu den am häufigsten benutzten Drogen. In oralen oder parenteralen Einzeldosen ist es vergleichbar gut wirksam, die Wirkungsdauer beträgt 3–5 h. Um dem Mißbrauch vorzubeugen, ist Tilidin in Deutschland nur in einer fixen Kombination mit 8 % Naloxon im Handel, die nicht mehr dem Betäubungsmittelgesetz unterstellt ist (Valoron N; Kapseln oder Tropfen, 50 mg Tilidin plus 4 mg Naloxon). Als Begründung wurde angeführt, daß der Naloxonanteil bei oraler Applikation wegen des hepatischen First-pass-Effektes nicht wirksam wird, während Tilidin (mit einer hepatischen Extraktionsrate von 90 %) in Form seiner Metabolite pharmakologisch aktiv ist [175]. Bei parenteraler Injektion oder überhöhten oralen Dosen würde Naloxon bei Drogenabhängigen demgegenüber sofort heftige Entzugserscheinungen auslösen. Ob dies für den oralen Weg eine sichere Vermeidung von Mißbrauch bewirkt, wurde angesichts der unterschiedli-

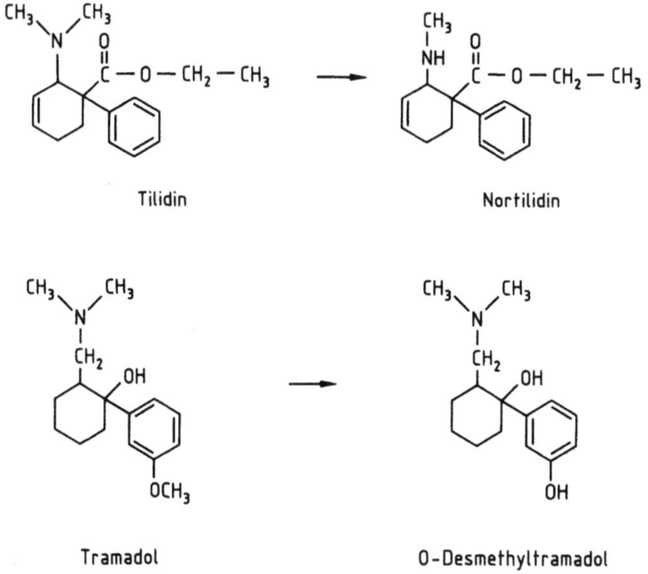

Tilidin   Nortilidin

Tramadol   O-Desmethyltramadol

Abb. 20. Strukturformeln von Tilidin und Tramadol und ihrer wichtigsten Metaboliten

chen Eliminationshalbwertszeiten (Naloxon 1–4 h, Tilidin 4–6 h) in Frage gestellt. Neuere Untersuchungen belegen, daß das durch N-Desalkylierung entstehende *Nortilidin* die eigentliche Wirksubstanz ist; Nortilidin besitzt nach verschiedenen Studien eine Eliminationshalbwertszeit zwischen 3,6 und 5,1 h, während für Naloxon nach oraler Gabe ein Wert von 3,7 h gefunden wurde. Bei repetitiver Applikation kumulierten Nortilidin und Naloxon in etwa gleichem Ausmaß [785]. Immerhin ist Tilidin seit der Einführung des Kombinationspräparates weitgehend aus der Drogenszene verschwunden. Der Naloxonzusatz hat offensichtlich keine negativen Auswirkungen auf die analgetische Wirksamkeit [91, 247, 417].

Über die spezielle Pharmakologie und den klinischen Einsatz von Tilidin liegen relativ wenig Untersuchungen vor. Da Tilidin und Nortilidin zu 90 % über den Urin ausgeschieden werden, ist bei Niereninsuffizienz mit einer verzögerten Elimination und verlängerten Wirkung zu rechnen. Gelegentlich wird es bei kleineren operativen Eingriffen, zur postoperativen Schmerztherapie, im Rettungswesen und in der Intensivmedizin eingesetzt [3, 165, 245, 294, 395, 660, 756, 757]. Einige Autoren halten es als Analgetikum im Rahmen der Tumorschmerztherapie für geeignet, wobei der Naloxonzusatz die Effektivität nicht beeinträchtigen soll [284, 417]. Im Tierexperiment ist Tilidin bei rückenmarknaher Applikation antinozizeptiv wirksam [60].

4.18 Tramadol

Tramadol, ein Analgetikum aus der Cyclohexanolreihe, ist ähnlich wie Tilidin ein Opioid mit vermutlich reinen agonistischen Wirkungen, das mäßig an Opiatrezeptoren bindet und hierbei keine besondere Präferenz zu den verschiedenen Rezeptorpopulationen erkennen läßt [313]; nach neueren (unveröffentlichten) Befunden ist anzunehmen, daß zumindest ein Teil der analgetischen Effekte von Tramadol nicht über Opiatrezeptoren vermittelt werden. Seine pharmakodynamischen Wirkungen ähneln sehr dem Pethidin, dessen analgetische Potenz Tramadol annähernd erreicht [286, 452]. Es ist sowohl oral, rektal als auch parenteral wirksam; die Eliminationshalbwertszeit beträgt etwa 5–6 h [473, 474]. Tramadol wird bei vielen Spezies intensiv verstoffwechselt; Hauptabbauwege sind O- und N-Demethylierung, wobei das O-Desmethyltramadol pharmakologisch noch stärker wirksam als die Ausgangssubstanz ist (Abb. 20). Im Gegensatz zu den meisten Tieren läuft der Tramadolmetabolismus beim Menschen jedoch nur relativ langsam ab, so daß größere Mengen unveränderter Ausgangssubstanz im Urin erscheinen [472]. Die hepatische Extraktionsrate beträgt nur etwa 20 %, was die sehr gute orale Bioverfügbarkeit von annähernd 70 % erklärt.

Im Gegensatz zu den meisten anderen Opioiden ist der sedierend-hypnotische Effekt etwas schwächer ausgeprägt und macht sich vornehmlich zu Beginn einer Therapie bemerkbar; es gibt sogar Hinweise darauf, daß Tramadol die Vigilanz erhöht [451]. Psychotische oder euphorisierende Effekte fehlen weitgehend oder sind nur bei hohen Dosen zu beobachten [21]. Derzeit wird unterstellt, daß das Suchtpotential so gering ausgeprägt ist, daß Tramadol nicht dem Betäubungsmittelgesetz unterstellt werden muß [327]; auch die Toleranzentwicklung bei Langzeitapplikation kann vernachlässigt werden [626]. Allerdings sind einzelne Fälle von Mißbrauch bekannt geworden [388]. Unter den klassischen Opiatnebenwirkungen scheint die Inzidenz von Nausea und Emesis relativ hoch zu sein, besonders wenn die Patienten mobilisiert werden. Obstipation tritt sehr viel seltener auf als bei Morphin, was bei oraler Langzeitbehandlung von Tumorpatienten ein wichtiger Gesichtspunkt ist. Atemdepressionen wurden im therapeutischen Dosisbereich nur gelegentlich beobachtet [212, 398, 541, 571, 650, 690]. Hämodynamische Wirkungen sind kaum vorhanden [542], wenngleich widersprüchliche Ergebnisse über eine Beeinflussung des Pulmonalarteriendruckes vorliegen [375, 541].

Analgetische Einzeldosen sollten bei 100 mg liegen. Nach intramuskulärer Injektion ist mit einem Wirkungsbeginn nach 10–30 min zu rechnen, die Wirkungsdauer schwankt zwischen 1 und 4 h. Bei der Langzeitbehandlung von Tumorschmerzen wurden mittlere orale Tagesdosen von 175–200 mg, bei postoperativen Schmerzen in Einzelfällen bis zu 800 mg intravenös benötigt [452, 454]. Eine Verwendung von Tramadol als Analgetikum während der Narkose, die anfangs propagiert wurde, spielt heute keine Rolle mehr, weil eine zu hohe Inzidenz an intraoperativen Wachzuständen berichtet wurde [451, 651, 689]. Hauptanwendungsgebiete sind die akute Schmerztherapie nach Operationen [17, 18, 292, 418, 452, 454, 668] oder im Rettungswesen [165, 624] sowie die Behandlung von leichten bis mittelstarken Tumorschmerzen [468, 625, 626], bevor stärkere Opioide eingesetzt werden müssen, oder auch als Zusatztherapie in Verbindung mit antipyretisch-antiphlogistischen Analgetika. Im Rahmen der Geburtshilfe zeigten sich 100 mg Tramadol intramuskulär in etwa gleichwertig mit 100 mg Pethidin oder 10 mg Morphin; Nachteile für das Neugeborene waren dabei nicht zu erkennen [65, 604]. Tramadol wurde ebenfalls bereits zur rückenmarknahen Analgesie eingesetzt, wobei es etwa 1/30 der Potenz von Morphin besaß [126].

5 Opioidanalgetika mit agonistisch-antagonistischem Wirkungsprofil

5.1 Pentazocin

Unter den synthetischen Morphinderivaten mit einem Dreiringsystem, den Benzomorphanen, spielt lediglich das *Phenazocin* eine gewisse Rolle als Opioidanalgetikum mit rein agonistischer Wirkung. Phenazocin ist etwa 3mal stärker wirksam als Morphin und kann oral, sublingual sowie parenteral appliziert werden. Seine Eigenschaften ähneln weitgehend denen des Morphin, wobei Sedierung, Obstipation und Übelkeit/Erbrechen vielleicht etwas geringer ausfallen. Es wurde v. a. deshalb propagiert, weil die Tonuserhöhung an den ableitenden Gallenwege nicht so stark ausgeprägt ist [193]. Zur akuten Schmerztherapie setzt man üblicherweise 1–3 mg intramuskulär ein [750, 751].

Durch Einführung einer N-Allylgruppierung entsteht aus Phenazocin *Pentazocin* (Abb. 21), das deshalb, wie bereits erwähnt, neben der agonistischen auch eine antagonistische Wirkungskomponente besitzt. Diese äußert sich v. a. dadurch, daß mit Pentazocin bei Drogenabhängigen, die reine Agonisten verwenden, ein Abstinenzsyndrom ausgelöst werden kann, und daß der „ceiling effect" bereits bei relativ niedrigen Dosierungen erreicht wird. Außerdem lassen sich Pentazocin-Effekte nicht mehr durch Antagonisten mit agonistischem Wirkungsanteil (wie Nalorphin oder Levallorphan) aufheben, sondern nur noch mit reinen Antagonisten (also z. B. Naloxon) [89, 420].

Pentazocin wird klinisch als Schmerzmittel eingesetzt, das etwa 1/3 der analgetischen Wirksamkeit von Morphin aufweist. Als Antagonist besitzt es nur etwa 1/50 der Potenz von Nalorphin.

Pentazocin entfaltet seine Wirkungen sowohl an µ- als auch an κ-Rezeptoren; zusätzlich sind deutliche σ-Effekte vorhanden. Darum fallen (besonders bei höheren Dosierungen) psychotomimetische Nebenwirkungen wie Dysphorie, Angst, Halluzinationen ins Gewicht, und die kardiovaskuläre Stimulation kann bei herzkranken Patienten gefährliche Ausmaße annehmen. Euphorie oder die vom Morphin bekannte allgemeine Zunahme des Wohlbefindens treten nach Pentazocin kaum jemals ein. Aus diesem Grund ist – wie

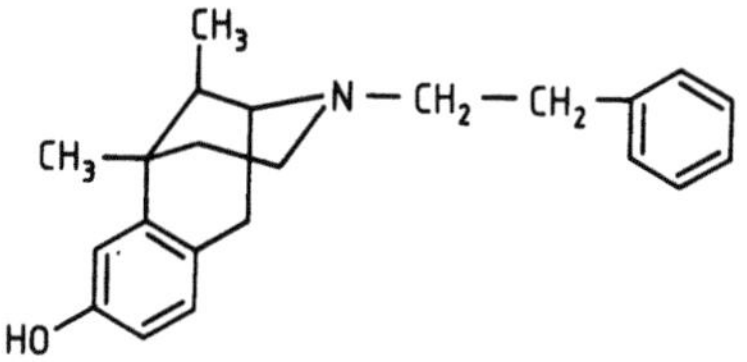

Phenazocin

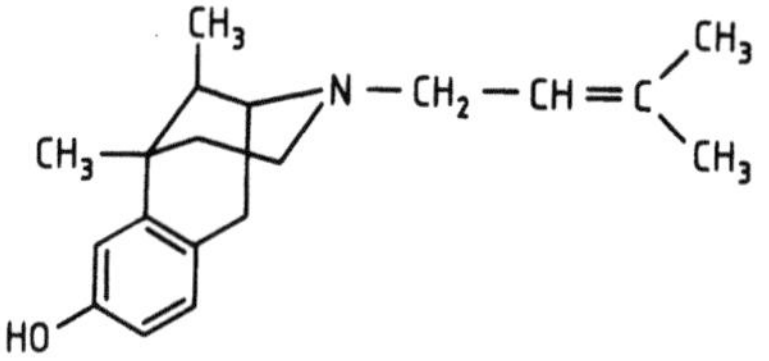

Pentazocin

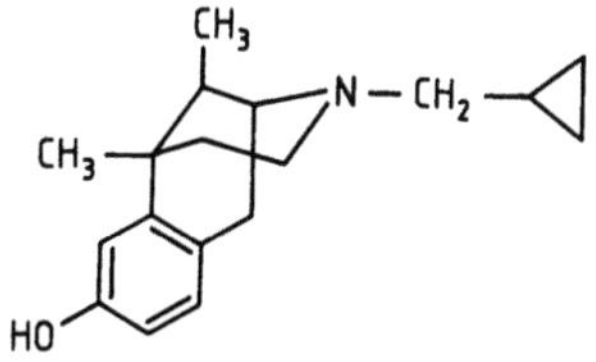

Cyclazocin

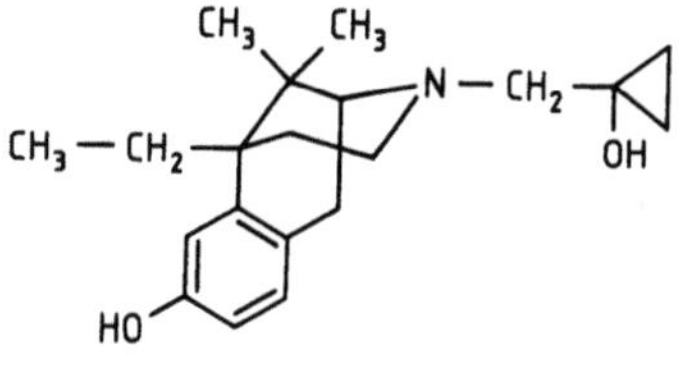

Bremazocin

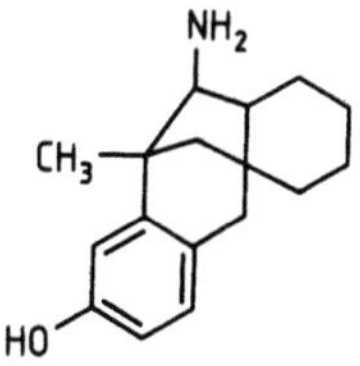

Dezocin

Abb. 21. Strukturformeln von Benzomorphanen und verwandten Opioiden

bei allen Agonist-Antagonisten – das Abhängigkeitspotential herabgesetzt, was jedoch einen Mißbrauch nicht sicher verhindert. Deshalb unterliegt Pentazocin in den meisten Ländern einem Betäubungsmittelgesetz.

Die in der klinischen Routine angestrebten Wirkungen sind die des Morphin. Sedierung wird seltener beobachtet, und die Auswirkungen auf den

Magen-Darm-Trakt einschließlich Übelkeit und Erbrechen sind nicht so stark ausgeprägt. Wegen der σ-Effekte ist eine Miosis weniger prominent und hält auch nicht so lange an. In äquipotenter Dosierung ist der atemdepressorische Effekt mit dem von Morphin zu vergleichen; man vermutet, daß der „ceiling effect" bei Erwachsenen erst ab einer Gesamtdosis von etwa 60 mg einsetzt [197]. Vergleichbare Untersuchungen zur analgetischen Wirkungsbegrenzung wurden bisher nicht durchgeführt. Am Herz-Kreislauf-System dominieren die stimulierenden σ-Effekte, was sich bei herzgesunden Patienten im therapeutischen Dosisbereich als leichter Anstieg von Blutdruck und Pulsfrequenz äußert; Schweißausbrüche kommen relativ häufig vor. Gleichzeitig läßt sich ein Anstieg der Plasmakatecholamine beobachten.

Die Pharmakokinetik von Pentazocin ist vergleichsweise schlecht untersucht [89, 98, 633]. Maximale Plasmakonzentrationen werden nach oraler Gabe nach etwa 1–3 h, bei intramuskulärer Applikation nach 15–60 min erreicht. Hier sowie bei intravenöser Injektion zeigt sich eine gute Proportionalität der Blutspiegelkurven zum Zeitverlauf der analgetischen Wirkungen [58]. Die Blut-Hirn-Schranke stellt kein wesentliches Hindernis dar; bei intravenöser Injektion wurden schon nach 5 min meßbare Konzentrationen im lumbalen Liquor beschrieben [11]. Pentazocin überwindet auch die Plazentarschranke relativ leicht, jedoch nicht so ausgeprägt wie Pethidin; im Nabelschnurblut finden sich 40–70 % der mütterlichen Konzentrationen [98], obwohl frühere Untersuchungen einen höheren Anteil vermuten lassen [48]. Über den Einfluß von Nierenerkrankungen liegen keine Daten vor; bei Leberinsuffizienz ist mit einer deutlich verminderten Clearance und einer gesteigerten oralen Bioverfügbarkeit zu rechnen [551, 599].

Pentazocin wird intensiv in der Leber verstoffwechselt. Die hepatische Extraktionsrate beträgt etwa 80 %, und nur 2–20 % erscheinen unverändert im Urin. Die wichtigsten Biotransformationsrouten bestehen in Glucuronidierungs- und Oxidationsreaktionen; bei letzteren kommt es zu einer Umwandlung der terminalen Methylgruppen in Alkohole. Die pharmakologisch unwirksamen Metabolite werden teils direkt, teils in Form von Konjugaten über die Niere ausgeschieden [89, 98].

Therapeutische Einzeldosen liegen bei parenteraler Applikation zwischen 15 und 30 mg; bei oraler Gabe sind 50 mg in etwa mit 60 mg Codein vergleichbar. Der Wirkungseintritt erfolgt bei intravenöser Injektion innerhalb von 2–3 min, bei intramuskulärer Gabe nach etwa 20 min. Maximale Analgesie wird bei intravenöser bzw. intramuskulärer Injektion nach 15 bzw. 60 min erreicht; die Wirkung hält etwa 3–4 h an. Als Anwendungsgebiete gelten alle Formen der Therapie akuter und chronischer Schmerzen nicht allzu großer Intensität [164, 242, 298, 325, 395, 453, 578, 594, 625, 661, 749,

758, 764]. Vorsicht ist jedoch bei Patienten mit Koronarinsuffizienz oder Myokardinfarkt geboten, weil Pentazocin hier (nicht jedoch bei gesunden Menschen) einen Anstieg der Herzarbeit und eine Erhöhung des Pulmonalarteriendruckes verursacht [16, 440, 674, 723]. Bei häufiger intramuskulärer oder subkutaner Injektion sind ausgedehnte Fibrosierungen des subkutanen Fettgewebes oder der Muskulatur beschrieben. Gegen einen Einsatz im Rahmen der Geburtshilfe bestehen keine Einwände; die Uterusaktivität wird durch Pentazocin allenfalls leicht gesteigert. Positive Berichte über eine rückenmarknahe Anwendung liegen bereits vor; nach 0,3 mg/kg KG peridural erfolgt der Wirkungseintritt schneller als mit Morphin, die mittlere Wirkungsdauer ist allerdings etwas kürzer (ca. 10–11 h) [371].

Ein Austausch der N-Substitution im Pentazocin durch eine Methylcyclopropylgruppierung führt zu *Cyclazocin* (Abb. 21), das etwa 40mal stärker analgetisch als Morphin wirkt, aber das antagonistische Potential von Nalorphin um den Faktor 100 übertrifft [496]. Cyclazocin zeichnet sich durch ausgeprägte psychotomimetische Nebenwirkungen aus und spielt deshalb in Anästhesiologie oder Schmerztherapie keine Rolle. Es wird mit wechselndem Erfolg bei der Entzugsbehandlung von Drogenabhängigen eingesetzt [809].

Abschließend sollte noch erwähnt werden, daß der jüngste Vertreter aus der Benzomorphanserie, *Bremazocin* (Abb. 21) Hoffnungen auf Opioidanalgetika weckt, die kaum noch eine Atemdepression verursachen. Bremazocin reagiert vorwiegend an κ-Rezeptoren und ist möglicherweise sogar als reiner κ-Agonist anzusehen; seine analgetische Potenz liegt etwa doppelt so hoch wie die von Morphin. Wichtigste Nebenwirkung ist eine ausgeprägte Sedierung. Klinische Erfahrungen stehen derzeit noch aus [239, 638].

5.2 Dezocin

Dezocin (Abb. 21) ist ein neueres Opioid aus der Gruppe der Aminotetraline, dem man eine gewisse strukturelle Verwandtschaft zu Pentazocin ansieht. Es besitzt agonistisch-antagonistische Eigenschaften und folglich einen respiratorischen und analgetischen „ceiling effect" [587]; jenseits 30 mg sollen die atemdepressorischen Effekte beim Erwachsenen nicht mehr zunehmen [250, 642, 715]. Angaben über seine analgetische Potenz schwanken zwischen dem Faktor 0,5 und >1 im Vergleich zu Morphin; in Tierexperimenten erwies es sich sogar als 7- bis 18mal stärker. Die antagonistische Wirkungskomponente ist stärker als bei Pentazocin ausgeprägt. Als Vorteil wird angesehen, daß Dezocin den Druck in den Gallengängen und ableitenden Harnwegen nicht wesentlich erhöht. Wirkungseintritt und -dauer nach oraler oder intramuskulärer Applikation sind ähnlich zu bewerten wie bei Morphin. Das Mißbrauchpotential soll jedoch geringer ausgeprägt sein, und im Gegensatz zu Pentazocin werden praktisch keine psychotomimetische Nebenwirkungen beschrieben. Aus Tierexperimenten steht jedoch zu befürchten, daß bei gleichzeitiger Anwendung von Dezocin mit Inhalationsanästhetika Kreislaufdepressionen auftreten [293]. Andererseits gibt es den interessanten Befund, daß Dezocin µ-agonistische Effekte von Morphin verstärken kann, was auf eine Interaktion mit δ-Rezeptoren schließen läßt, die vermutlich den µ-Rezeptor modulieren [653, 779].

Die Substanz wird in der Leber intensiv verstoffwechselt; Hauptabbauprodukt ist das pharmakologisch unwirksame Glucuronid. Die Eliminationshalbwertszeit beträgt etwa 2,8 h [479, 587].

Dezocin wurde klinisch bereits als Analgetikum zur postoperativen und chronischen Schmerztherapie eingesetzt [194, 251, 568, 587, 715]. Für eine befriedigende Beurteilung liegen derzeit noch zu wenig Daten vor, doch scheinen im Moment keine wesentlichen Vorteile gegenüber anderen Opioiden aus dieser Gruppe zu bestehen.

5.3 Butorphanol

Unter den Opioiden mit einer Vierringstruktur, den Morphinanen, kam lediglich das *Levorphanol* kommerziell als reiner Agonist in den Handel (Abb. 22). Es ist in all seinen pharmakodynamischen Wirkungen mit Morphin vergleichbar, obwohl es 3- bis 5mal stärker analgetisch wirkt [537]. Es läßt sich gut zur oralen Therapie verwenden, wobei es auf Gewichtsbasis 10- bis 15mal wirksamer ist als eine vergleichbare Morphinapplikation. Das rechtsdrehende Isomer, *Dextrorphan*, ist nicht mehr schmerzlindernd, aber gut antitussiv einsetzbar.

Durch geringfügige Modifikation entsteht aus Levorphanol das *Butorphanol*, das in einigen Ländern klinisch als Agonist-Antagonist verwendet wird [108, 378]. Seine pharmakologischen Wirkungen ähneln sehr denen des Pentazocin. Nach Auffassung der meisten Untersucher greift es entweder gar nicht an µ-Rezeptoren an oder bewirkt dort einen Antagonismus, sondern bevorzugt κ- und σ-Rezeptoren. Butorphanol ist 3- bis 7mal stärker analgetisch wirksam als Morphin; die analgetische Potenz liegt etwa 20mal höher als die von Pentazocin, aber im direkten Vergleich ist auch die antagonistische Komponente 10- bis 30mal stärker ausgeprägt (dies entspricht etwa 1/10 bis 1/40 der Wirkung von Naloxon). Nebenwirkungen

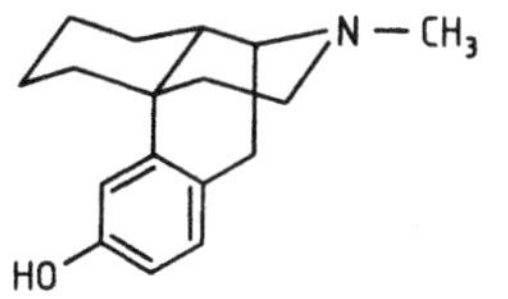

Abb. 22. Strukturformeln von Morphinanen

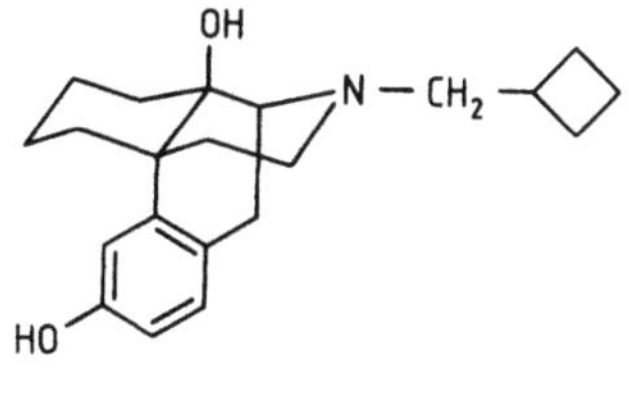

sollen demgegenüber deutlich schwächer ausgeprägt sein. Dysphorie tritt seltener als unter Pentazocin auf; das Mißbrauchpotential soll aber vergleichbar sein. Bei Langzeitapplikation, etwa zur chronischen Schmerztherapie, sind jedoch ebenfalls psychotomimetische Effekte zu beobachten. Die kardiostimulatorischen σ-Effekte mit Anstieg des pulmonalarteriellen Druckes sowie einer Steigerung des „cardiac output" bestehen weiter [440, 600]. Die Auswirkungen auf den Magen-Darm-Trakt und die Hohlorgane sind ähnlich wie bei Pentazocin zu bewerten [507, 610]. Bei Drogenabhängigen, die µ-Agonisten benutzen, löst Butorphanol keine oder nur leichte Entzugserscheinungen aus. Alle Butorphanoleffekte können mit Naloxon antagonisiert werden.

Das Medikament wird in der Leber intensiv verstoffwechselt; die orale Bioverfügbarkeit beträgt nur 17–20 %. Bei den Biotransformationsreaktionen überwiegt die Hydroxylierung zu Hydroxybutorphanol, während die N-Desalkylierung zu Norbutorphanol nur etwa 10 % ausmacht. Beide Metabolite und ihre Glucuronide sind pharmakologisch nicht mehr aktiv; sie werden überwiegend durch die Nieren ausgeschieden. Die Eliminationshalbwertszeit für Butorphanol liegt bei 2,5–3,5 h [596]. Spitzenkonzentrationen werden bei oraler Gabe nach 90, bei intramuskulärer Injektion nach 30 min beobachtet. Butorphanol durchdringt die Plazenta relativ leicht; die Konzentrationen im kindlichen Blut können dabei die im mütterlichen Kreislauf übersteigen. Auch in der Muttermilch läßt sich pharmakologisch aktives Medikament nachweisen.

Therapeutische Dosen zur postoperativen Analgesie liegen bei 1–3 mg intramuskulär oder 0,5–2 mg intravenös [251]. In diesem Bereich sind die atemdepressorischen Effekte mit denen von 10 mg Morphin vergleichbar; ein „ceiling effect" scheint sich ab etwa 3–4 mg zu entwickeln [174, 372]. Die Wirkung setzt innerhalb von 30 min ein und hält 3–4 h an. Im Rahmen der Geburtshilfe entsprechen 1–2 mg Butorphanol 40–50 mg Pethidin. Wegen der antagonistischen Wirkungskomponente wird eine Eignung zur Prämedikation oder als intraoperatives Analgetikum kontrovers beurteilt [174, 425, 569, 597, 733, 834]. Möglicherweise ist ein unmittelbar postoperativer Einsatz zur Antagonisierung fentanylbedingter respiratorischer Überhänge ohne Beeinträchtigung der Analgesie sinnvoll [81]. Bei herzkranken Patienten ist Butorphanol offensichtlich nicht besonders geeignet. Erste Berichte über eine rückenmarknahe Anwendung liegen bereits vor [1].

5.4 Nalbuphin

Es wurde bereits erwähnt, daß der Austausch der N-Methylgruppe im Morphin durch einen Allylrest *Nalorphin* ergibt, das als erstes Opioid mit agonistisch-antagonistischen Wirkungen in die Klinik eingeführt wurde (Abb. 23). Nalorphin besitzt eine etwas schwächere analgetische Potenz als Morphin, konnte sich aber wegen ausgeprägter psychotomimetischer Effekte in Anästhesiologie und Schmerztherapie nicht durchsetzen. Hierfür sind vermutlich Interaktionen mit σ-Rezeptoren verantwortlich; nach heutiger Vorstellung wirkt Nalorphin auch an κ-Rezeptoren agonistisch und μ-antagonistisch. Zur Ausnutzung des antagonistischen Effekts, der nur bei Vorbehandlung mit Agonisten erkennbar wird, wurden intravenöse Dosen von 3–10 mg verwendet.

Durch weitere Modifikationen unter Beibehaltung des Morphingrundgerüstes entsteht *Nalbuphin*, das sowohl mit Oxymorphon als auch mit Naloxon eng verwandt ist [177, 199, 525, 673, 789]. Es wirkt agonistisch an κ- und antagonistisch an μ-Rezeptoren, während σ-Effekte kaum noch vorhanden sind [435]. Die analgetische Potenz liegt zwischen der von Morphin und Pentazocin [252, 455]; das antagonistische Potential wird mit etwa 1/4 desjenigen von Nalorphin angegeben. Bei Drogenabhängigen löst Nalbuphin klassische Entzugserscheinungen aus; sein eigenes Mißbrauchpotential dürfte mit dem von Pentazocin vergleichbar sein. Als Vorteil wird angesehen, daß die σ-typischen Kreislaufreaktionen von Pentazocin oder Butorphanol fehlen; Nalbuphin kann deshalb erfolgreich bei herzkranken Patienten und sogar beim Myokardinfarkt eingesetzt werden [282, 426, 441, 622]. Hinsichtlich der Auswirkungen auf Magen-Darm-Trakt und Hohlorgane entspricht es weitgehend den anderen Agonist-Antagonisten [244, 507, 696, 824, 825]. Wichtigste unerwünschte Wirkung ist eine Sedierung; Dysphorie

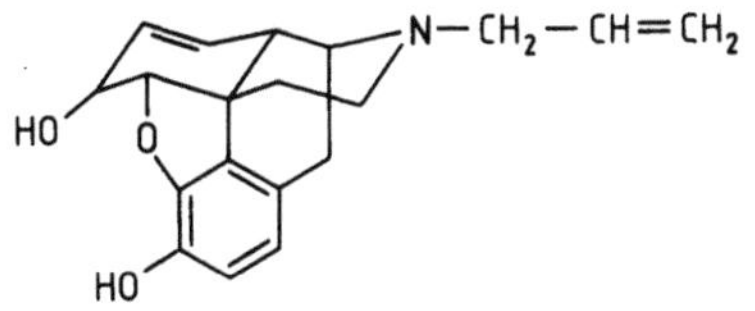

Abb. 23. Strukturformeln von Nalorphin und Nalbuphin

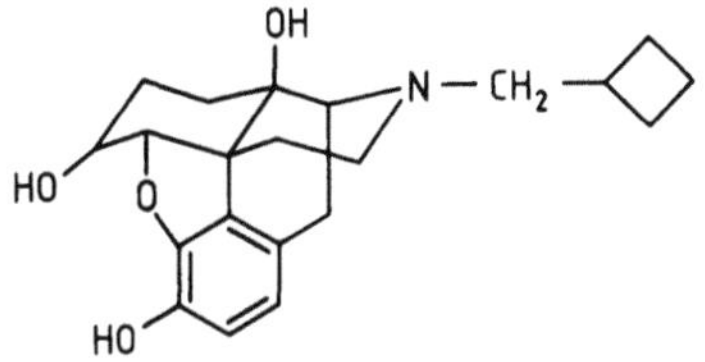

wird selten (nach höheren Dosierungen; 160 mg/Tag sollten nicht überschritten werden) beobachtet. Schwitzen, Übelkeit und Erbrechen kommen ebenfalls vor. Im therapeutischen Dosisbereich entsprechen die atemdepressorischen Wirkungen denen des Morphins; ein „ceiling effect" setzt ab etwa 30 mg ein [249, 396, 606, 641]. Alle Nalbuphineffekte können mit Naloxon antagonisiert werden.

Nalbuphin wird in der Leber mit einer Extraktionsrate von 50–70 % verstoffwechselt, wobei neben Glucuronidierungsreaktionen auch eine Aufspaltung des Cyclobutylrestes sowie Oxidationen von Hydroxylgruppen beobachtet wurden. Die orale Bioverfügbarkeit ist gering; nach oraler Gabe stellen sich nur 20–25 % der Wirkung wie nach intramuskulärer Injektion ein [44]. Die terminale Eliminationshalbwertszeit liegt zwischen 3 und 6 h und entspricht damit der der meisten anderen Opioide [98, 199, 683]. Nalbuphin durchdringt sehr rasch die Plazenta; die Konzentrationen im kindlichen Kreislauf liegen dabei höher als bei der Mutter [151].

Nach intramuskulären Dosen von 10–20 mg erwies sich Nalbuphin in einigen Untersuchungen als geeignet zur postoperativen Schmerztherapie, wobei Wirkungseintritt und -dauer mit denen identischer Morphindosierungen vergleichbar sind. Bei intravenöser Injektion beginnt die Analgesie innerhalb von 2–3, bei intramuskulärer nach 15 min. Manche Autoren rücken allerdings eine Dominanz des antagonistischen Wirkungsanteils in den Vordergrund und bestreiten eine klinisch ausreichende Analgesie [380]. Es gibt Hinweise dafür, daß Nalbuphin (wie Butorphanol) einen atemdepressorischen Überhang intraoperativer Agonisten antagonisieren kann, ohne gleichzeitig die analgetischen Restwirkungen aufzuheben [241, 350, 434, 533, 613, 670, 832]; dies scheint auch für die Antagonisierung von Nebenwirkungen rückenmarknaher Opiate zuzutreffen [582]. Wurden während der Narkose allerdings hohe Dosen von Agonisten verabreicht, muß auch nach Nalbuphin mit einem Reboundphänomen gerechnet werden, das 2–3 h nach der Injektion auftreten kann [38, 641]. Die Literatur enthält bereits zahlreiche Berichte über einen Einsatz zur Prämedikation [120, 595, 632], im Rahmen der „balanced anaesthesia" [101, 252, 305, 381, 833], der akuten [19, 36, 44, 383, 606, 607, 668, 669, 671, 758] wie der chronischen Schmerztherapie [727]. Im Rahmen der Geburtshilfe erwies es sich im Vergleich zu Pethidin als überlegen [151, 233]. Anhand der derzeitigen Datenlage bleibt abzuwarten, ob sich Nalbuphin eher als Analgetikum oder als Opiatantagonist durchsetzen wird.

5.5 Buprenorphin

Buprenorphin (Abb. 24, [304, 366]) ist ein halbsynthetisches Thebainderivat, das nur noch wenig mit κ- oder σ-Rezeptoren reagiert. Es zeichnet sich vielmehr durch eine sehr hohe Affinität („extrinsic activity") am μ-Rezeptor aus, die die von Morphin um den Faktor 20–50 übersteigt [614], obwohl die „intrinsic activity" vergleichsweise gering ausgeprägt ist. Buprenorphin verhält sich somit als partieller μ-Agonist. Wegen der lang anhaltenden Rezeptorbindung korrelieren die pharmakodynamischen Wirkungen nicht mit Blutkonzentrationen oder der Eliminationshalbwertszeit.

Buprenorphin besitzt eine hohe analgetische Potenz, die 30- bis 50mal höher als die von Morphin ist. Die antagonistische Wirkungskomponente kommt dadurch zustande, daß es kompetitiv andere Agonisten vom μ-Rezeptor verdrängt; es ist deshalb auch in der Lage, bei Agonistabhängigen ein Entzugssyndrom auszulösen. Die pharmakodynamischen Wirkungen entsprechen weitgehend denen von Morphin, jedoch ist stets mit einem verzögerten Einsetzen und einer langen Wirkungsdauer zu rechnen. Bei den Nebenwirkungen überwiegt Sedierung, aber auch Übelkeit und Erbrechen können stark ausgeprägt sein. Obstipation scheint seltener als bei anderen Agonisten aufzutreten. Dysphorie wird nur selten gefunden. Das Mißbrauchpotential ist relativ gering, wenngleich Buprenorphin von Drogenabhängigen als Ersatzmittel benutzt und deshalb in vielen Ländern einem Betäubungsmittelgesetz unterstellt wurde [388]. Kardiovaskuläre Nebenwirkungen wie bei den Agonist-Antagonisten mit σ-Effekten bestehen praktisch nicht; in dieser Hinsicht verhält sich Buprenorphin ähnlich wie Morphin [137, 397, 677]. Im therapeutischen Dosisbereich sind die atemdepressorischen Effekte

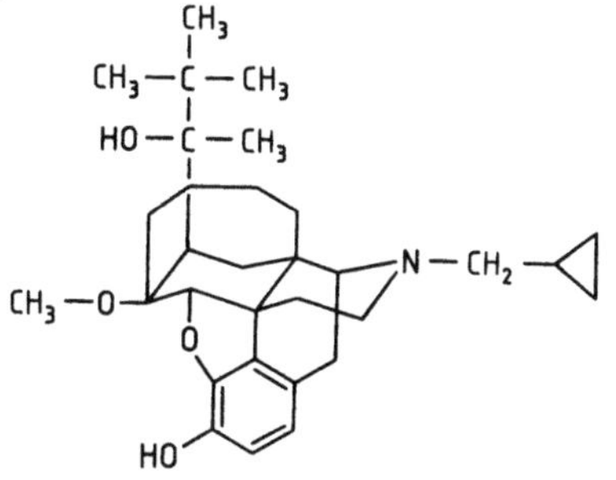

Abb. 24. Strukturformeln von Buprenorphin und Etorphin

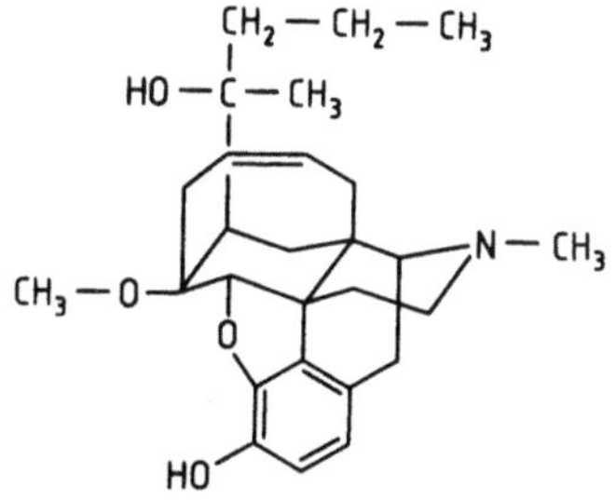

mit denen anderer Agonisten vergleichbar, wobei jedoch ein „ceiling effect" bei etwa 0,6–1,2 mg zu beachten ist [304]. Aus einigen Untersuchungen ist abzuleiten, daß die Dosis-Wirkungs-Beziehung für Buprenorphin *glockenförmig* verläuft, d. h. daß bei hohen Dosen der antagonistische Wirkungsanteil überwiegt [580]. Nichtsdestoweniger ist eine sorgfältige Patientenüberwachung erforderlich, wie gelegentliche respiratorische Zwischenfälle zeigen [45, 236, 505]. Wegen der festen Rezeptorbindung ist Naloxon nur schlecht als Antagonist geeignet [462]; bei manifester Atemdepression können Atemanaleptika wie z. B. Doxapram erforderlich werden [564].

Buprenorphin gehört zu den lipophilen, stark an Plasmaproteine gebundenen Opioiden; seine Fettlöslichkeit ist etwa 5mal größer als die von Morphin. Es wird in der Leber nur schwach verstoffwechselt; die wichtigsten Metabolite sind Glucuronide oder N-Desalkylierungsprodukte [86, 97]. Nach intramuskulärer Injektion erscheinen 60–80 % unverändert im Urin. Wegen der geringen hepatischen Extraktionsrate wäre eigentlich mit einer guten oralen Bioverfügbarkeit zu rechnen; allerdings ist eine sublinguale Applikationsform mit Einzeldosen zwischen 0,4 und 0,8 mg wirksamer, wobei als mittlere Bioverfügbarkeit 55 % angenommen wird. Auch eine rektale Zufuhr ist möglich [85]. Leber- oder Nierenerkrankungen scheinen Pharmakokinetik und -dynamik von Buprenorphin nicht zu verändern, während Halothan wegen einer Herabsetzung der Leberdurchblutung die Clearance geringfügig vermindert [98].

Nach intramuskulärer Injektion von 0,3–0,6 mg setzen die Wirkungen innerhalb von 30 min ein, aber auch nach intravenöser Gabe werden 15–25 min benötigt, bis der Maximaleffekt erreicht ist. Für die Atemdepression wurde ein Maximum erst 3 h nach intramuskulärer Applikation beschrieben. Die Analgesie hält 6–8 h an, Restwirkungen sind bis zu 24 h zu beobachten.

Buprenorphin kann bei allen Formen der akuten [105, 171, 236, 460, 505, 594, 607, 631] und chronischen [9, 104, 161, 572, 636, 828] Schmerztherapie eingesetzt werden; auch zur intraoperativen Analgesie oder beim Myokardinfarkt hat es sich bewährt [301, 402, 798]. Bei epiduraler Anwendung ist es besonders gut wirksam, weil die hohe Lipophilie eine rasche Penetration durch die Dura ermöglicht, was nicht nur für den Wirkungseintritt, sondern auch für die Wirkungsbeendigung wichtig ist [62, 104, 431, 572]. So ist Buprenorphin im Gegensatz zu Morphin in der Lage, den zentral aufsteigenden Liquor wieder zu verlassen, weshalb späte Atemdepressionen bei dieser Anwendungsform kaum vorkommen können (jedoch nicht ausgeschlossen sind [288, 400, 534, 830]). Intrathekale Buprenorphininjektionen scheinen nicht empfehlenswert zu sein [475].

Nur am Rande sei vermerkt, daß das strukturell sehr nahe mit Buprenorphin verwandte *Etorphin* (Abb. 24) einen der stärksten Opioidagonisten darstellt, dessen analgetische Potenz etwa 200- bis 400mal größer als die von Morphin ist. Es besitzt eine vergleichsweise kurze Wirkungsdauer von 30 min, die bereits 1 min nach der Injektion beginnt. Etorphin spielt in Anästhesiologie und Schmerztherapie keine Rolle, wird aber in der Veterinärmedizin zur Immobilisation großer Tiere eingesetzt.

5.6 Meptazinol, Profadol und Propiram

In den letzten Jahrzehnten wurden einige neue Analgetika entwickelt, die kaum noch strukturelle Gemeinsamkeiten mit den klassischen Opioiden aufweisen. Die in diesem Abschnitt kurz zu erwähnenden Medikamente (Abb. 25) können als Agonist-Antagonisten klassifiziert werden; zu ihrer klinische Bedeutung liegen momentan noch zu wenig Befunde vor, und auch das Mißbrauchpotential kann noch nicht abschließend bewertet werden.

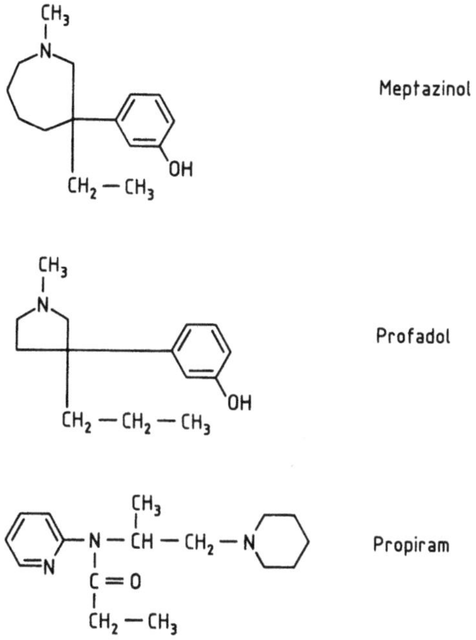

5.6 Meptazinol, Profadol und Propiram

Meptazinol

Profadol

Propiram

Abb. 25. Strukturformeln von Meptazinol, Profadol und Propiram

Meptazinol [318, 321, 714] besitzt etwa 1/10 der analgetischen Potenz von Morphin. Es löst bei Agonist-Abhängigen ein Entzugssyndrom aus, kann aber selbst durch Naloxon antagonisiert werden. Am Zustandekommen der Wirkungen sind vermutlich μ-, aber nicht κ- oder σ-Opiatrezeptoren beteiligt, ebenso wie unspezifische Mechanismen [318]. Atemdepressionen sollen sehr selten auftreten [714, 812]; das Herz-Kreislauf-System wird kaum beeinträchtigt [74]. Andere Nebenwirkungen cholinergen Ursprungs wie Übelkeit, Erbrechen oder Sedierung ähneln denen anderer Opioide, während Euphorie, Dysphorie oder psychotomimetische Reaktionen bisher kaum berichtet wurden. Es steht jedoch zu befürchten, daß die Hemmung der Magen-Darm-Motilität nach Meptazinol stärker ausgeprägt ist als nach Morphin [556].

Meptazinol wird nach oraler, rektaler oder intramuskulärer Injektion gut resorbiert und mit einer Halbwertszeit von etwa 1,6 h eliminiert [255]. Der intensive hepatische Metabolismus führt vornehmlich zu inaktiven Glucuroniden, die mit dem Urin ausgeschieden werden [737]. Der Wirkstoff durchdringt rasch die Plazenta, wird jedoch im Gegensatz zu den meisten anderen

Opioiden schnell aus dem kindlichen Organismus eliminiert. Er wurde auch in der Muttermilch nachgewiesen.

Aus bisherigen Untersuchungen ergibt sich eine überwiegend gut beurteilte analgetische Wirksamkeit während der Narkose [297, 382] sowie bei einer Vielzahl akuter und chronischer Schmerzzustände [318, 369, 379, 538, 627, 648] einschließlich der Geburtshilfe [318, 554, 699], die mit der von Pethidin vergleichbar ist. Auch eine rückenmarknahe Applikation wurde bereits beschrieben [616, 781].

Profadol besitzt eine gewisse strukturelle Verwandtschaft zu Pethidin oder Ketobemidon. Es scheint an µ-Rezeptoren agonistisch zu wirken, seine antagonistische Potenz entspricht etwa 1/50 der von Nalorphin. Insgesamt ergibt sich eine analgetische Wirksamkeit, die 1/4 der von Morphin erreicht. Klinische Erfahrungen liegen bisher kaum vor [42, 648].

Propiram besitzt etwa 1/10 der analgetischen Wirksamkeit von Morphin und ist etwa 1/200 so stark antagonistisch wie Nalorphin. Bei Agonistabhängigen kann ein Entzugssyndrom ausgelöst werden. Zur postoperativen Schmerztherapie erwiesen sich 25–150 mg als therapeutische Dosierungen [216, 231]. Propiram ist gut oral wirksam; mehr als 97 % werden absorbiert und mit einer mittleren Halbwertszeit von 5 h eliminiert [405]; 30 % des Wirkstoffs erscheinen unverändert im Urin. Wegen der hervorragenden oralen Bioverfügbarkeit und Effektivität, die 2/3 der nach parenteraler Gabe erreicht, ist Propiram möglicherweise zur Langzeittherapie von Tumorschmerzen geeignet.

6 Opioidantagonisten

Substanzen, die zur Antagonisierung von Opiateffekten verwendet werden, stammen aus ganz unterschiedlichen Verbindungsklassen. Hierzu gehören z. B. periphere Atemstimulanzien (wie Doxapram), zentrale Analeptika oder hirngängige Anticholinergika. In diesem Abschnitt soll jedoch nur über Pharmaka berichtet werden, die durch eine spezifische, kompetitive Interaktion mit Opiatrezeptoren zu einer Aufhebung agonistischer Wirkungen oder ihrer prophylaktischen Verhinderung führen (Abb. 26). Für die moderne Anästhesiologie spielt darunter lediglich Naloxon eine Rolle, das das früher weit verbreitete Levallorphan völlig verdrängt hat. Naltrexon besitzt demge-

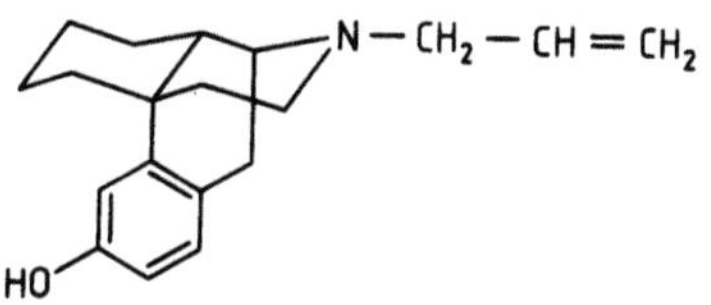

Levallorphan

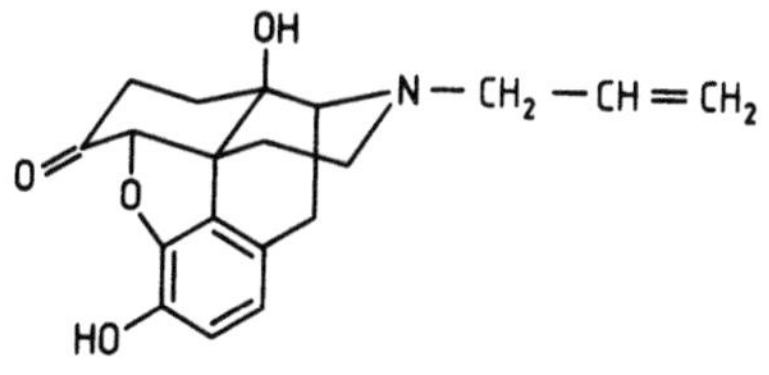

Naloxon

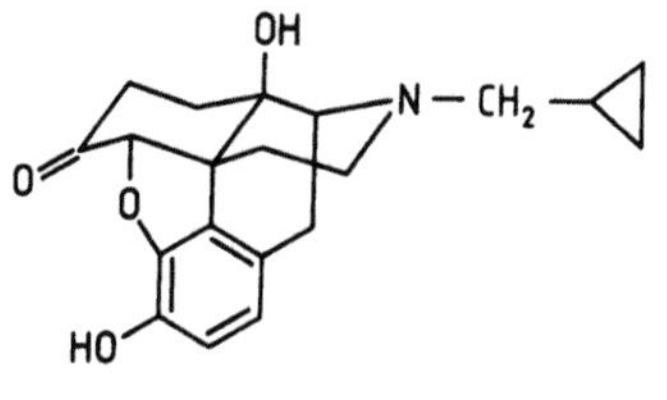

Naltrexon

Abb. 26. Strukturformeln von Opioidantagonisten

genüber eine zunehmende Bedeutung bei der Behandlung der Drogenabhängigkeit. Den „reinen" Antagonisten Naloxon und Naltrexon ist gemeinsam, daß sie praktisch keine Wirkungen zeigen, wenn das körpereigene Endorphinsystem normal arbeitet und wenn keine exogenen Opiate zugeführt wurden.

6.1 Levallorphan

Levallorphan ist das N-Allylderivat des Levorphanols und gehört im Grunde genommen in die Gruppe der Agonist-Antagonisten. Seine analgetischen Eigenwirkungen sind jedoch relativ gering, so daß sie klinisch kaum einmal angewandt wurden. Ohne Vorbehandlung mit Agonisten entwickelt Levallorphan eine leichte Atemdepression, die jedoch früh durch einen „ceiling effect" begrenzt wird. Auf der anderen Seite vermag es die Atemdepression, die durch reine Agonisten verursacht wurde, etwa 10mal besser als Nalorphin zu antagonisieren, ohne dessen ausgeprägte psychotomimetischen Nebenwirkungen zu besitzen [203, 329, 494]. Therapeutische Dosen betragen 0,5–1 mg, die bis zum erwünschten Ergebnis titriert werden müssen. Die Wirkung setzt nach 1–3 min ein und hält 1,5–5 h an.

6.2 Naloxon

Naloxon ist das N-Allylderivat des Oxymorphons. Es besitzt an µ-, κ-, δ- und σ-Rezeptoren keine „intrinsic activity", wohl aber eine hohe Affinität („extrinsic activity"). Aus diesem Grund verdrängt es in therapeutischen Dosen von etwa 0,4–0,8 mg praktisch jeden Opioidagonisten und Agonist-Antagonisten vom Rezeptor und beendet damit alle ihrer spezifischen Wirkungen (Ausnahme: Buprenorphin). Bei gesunden Versuchspersonen sind bis zu einer Gesamtdosis von 12 mg überhaupt keine Effekte, bei 20 mg lediglich eine leichte Sedierung und ein mäßiger Blutdruckanstieg festzustellen [133]. Die wichtigsten Anwendungsgebiete von Naloxon liegen in der Antagonisierung einer opiatbedingten Atemdepression (nach Narkosen, bei Überdosierungen im Rahmen von Schmerztherapie oder Mißbrauch sowie in der Geburtshilfe) und in der Diagnostik einer Opiatabhängigkeit; hinzu kommen einige neuere, teils noch experimentelle Indikationen bei verschiedenen Schockformen.

Naloxon wird in der Leber intensiv verstoffwechselt, wobei vornehmlich pharmakologisch unwirksame Glucuronide entstehen. Aus diesem Grund ist eine orale Applikation kaum wirksam; es können so maximal 2 % der Wirkung, wie sie sich nach parenteraler Gabe ergibt, erreicht werden. Die Eliminationshalbwertszeit ist mit 1–3 h relativ kurz, was sich auch in der Wirkungsdauer widerspiegelt [59, 553, 785]. Es muß deshalb – insbesondere nach Antagonisierung hoher Opiatdosen – damit gerechnet werden, daß die Naloxonwirkung nach 30–45 min nachläßt und Anlaß zu einem *Reboundphänomen* gibt. Naloxon durchdringt rasch die Plazentarschranke [317]. Da die Feten opiatabhängiger Mütter ebenfalls abhängig werden, kann eine mütterliche Naloxoninjektion unter der Geburt beim Neugeborenen schwere Entzugserscheinungen auslösen. Zur Antagonisierung einer kindlichen Atemdepression ist die direkte Naloxonapplikation in die Nabelvene vorzuziehen; auch eine intramuskuläre Gabe (10 µg/kg KG) ist möglich.

In einer Dosierung von 1–4 µg/kg KG intravenös ist Naloxon bei allen Formen opiatbedingter Atemdepressionen innerhalb von 1–2 min erfolgreich. Es erweist sich als sinnvoll, Einzelboli von 1 µg/kg KG im Abstand von wenigen Minuten so oft zu wiederholen, bis der erwünschte Erfolg titriert worden ist. Bei Vorbehandlung mit Agonist-Antagonisten kann die individuell benötigte Gesamtdosis durchaus höher ausfallen als nach reinen Agonisten. Bei dieser Form von Therapie lassen sich Nebenwirkungen begrenzen, und meist ist es möglich, eine ausreichende Analgesie zu erhalten. Grundsätzlich muß aber damit gerechnet werden, daß Übelkeit und Erbrechen auftreten können, wenngleich sie sich meist erst nach Wiederherstellung einer suffizienten Spontanatmung bemerkbar machen [419, 482]. Andererseits beobachtet man häufig eine Zunahme des Sympathikotonus, die entweder auf einer unspezifischen zentralen Stimulation oder reaktiv durch Wiederauftreten von vorbestehenden Schmerzen erklärt wird. Die hiermit einhergehende kardiovaskuläre Stimulation mit Tachykardie, systemischer und pulmoneller Hypertonie, Arrhythmie oder Lungenödem kann – besonders bei herz- oder gefäßkranken Patienten – durchaus gefährlich werden [15, 34, 202, 224, 520, 761]. Nach neueren Untersuchungen (am Hund) soll die Sympathikusstimulation allerdings nur auftreten, wenn gleichzeitig eine Hyperkapnie vorliegt. Es wurde deshalb empfohlen, Naloxon erst nach Herstellung einer Normokapnie einzusetzen [527]. Die kurze Wirkungsdauer von Naloxon macht repetitive Injektionen nötig, um einen längeren Effekt zu erzielen. Alternativ erweisen sich intramuskuläre Gaben (2–8 µg/kg KG) bzw. die Kombination von intravenöser und intramuskulärer oder subkutaner Applikation als geeignetes Mittel, längere Zeit therapeutische Wirkstoffspiegel zu erhalten [306, 482, 775]. Eine Dauerinfusion mit z. B. 5 µg/kg KG/h erwies sich als sicheres Verfahren, einer morphinbedingten Atemdepression nach periduraler Gabe vorzubeugen, ohne gleichzeitig die spinal vermittelte Analgesie (vollständig) aufzuheben [275, 561, 619]; ähnliches gilt für die Urinretention [618].

Der günstige Einfluß, den Naloxon bei einigen (kardialen, hypovolämischen und septischen) Schockformen hat, wurde bereits erwähnt [355, 510]. Allerdings sind hier sehr hohe Dosen über 1 mg/kg KG erforderlich, was darauf schließen läßt, daß Naloxon bei dieser Anwendung nicht mehr spezifisch über μ-Rezeptoren wirkt. Der eigentliche Mechanismus ist noch unklar; vermutlich spielen Interaktionen mit den körpereigenen Opioiden eine Rolle, die in hohen Konzentrationen kardiovaskulär depressive Eigenschaften besitzen. Für einen zentralen Angriffsort spricht eine Wirksamkeit in viel geringeren Dosen, sofern diese nicht systemisch, sondern intraventrikulär verabreicht werden. Kortikosteroide scheinen die Naloxonerfolge aufheben zu können. Interessanterweise wirkt Thyreotropin-releasing-Hormon (TRH) synergistisch zu Naloxon [207].

Von einigen Autoren wird angenommen, daß Naloxon auch die Wirkung anderer Anästhetika, wie z. B. von Inhalationsnarkotika, Barbituraten, Benzodiazepinen oder Ketamin antagonisieren könne. Die Beweiskraft der vorliegenden Untersuchungen ist allerdings gering, und in der klinischen Praxis dürfte dieser Anwendungsbereich keine Rolle spielen.

6.3 Naltrexon

Durch Substitution der N-Methylgruppe im Naloxon erhält man Naltrexon, ebenfalls einen fast reinen Antagonisten, der jedoch eine ausgezeichnete orale Effektivität und eine außerordentlich lange Wirkungsdauer besitzt. In der Anästhesiologie spielt Naltrexon noch keine Rolle [238]; jedoch wird es in oralen Dosen von 100 mg und mehr zur Prophylaxe euphorischer Opiatwirkungen bei Drogenabhängigen eingesetzt [495, 722]. In diesem Dosisbereich werden maximale Blutkonzentrationen nach etwa 2 h erreicht; sie klingen mit einer Halbwertszeit von ca. 10 h ab. Als Stoffwechselprodukt entsteht beim Menschen β-Naltrexol, das selbst einen schwachen Antagonisten mit noch längerer Halbwertszeit darstellt [98, 783]. Die Gewebsspiegel reichen üblicherweise bis zu 48 h aus, um bei Rückfall des Drogenabhängigen keine euphorische Wirkungen entstehen zu lassen. Bei normalen Versuchspersonen finden sich nach Naltrexon entweder überhaupt keine Wirkungen oder allenfalls eine leichte Dysphorie [283].

7 Symptome und Behandlung einer akuten Intoxikation mit Opioiden

Intoxikationen durch Opioide entstehen üblicherweise bei versehentlicher Überdosierung im Rahmen einer klinischen Behandlung oder bei Drogenabhängigen, spielen aber auch bei geplantem Suizid eine Rolle. Auf die unerwarteten, z. T. auch „späten" Atemdepressionen bei systemischer wie rückenmarknaher Applikation wurde bereits mehrfach eingegangen. Es soll noch einmal ausdrücklich darauf hingewiesen werden, daß die Resorption nach subkutanen oder intramuskulären Injektionen bei hypovolämischen, hypothermen Patienten sehr unzuverlässig ist; wenn sich der erwartete Effekt nicht einstellt, wird deshalb häufig nachinjiziert. Sobald sich die Kreislaufverhältnisse dann aber bessern, ist mit einer überhöhten Anflutung zu rechnen. Auf der anderen Seite kann eine relative Überdosierung dadurch zustande kommen, daß ein primär ausreichend behandelter Patient aus verschiedenen Gründen (z. B. chirurgische Nachblutung, Überdosierung von Hypnotika oder Sedativa) dekompensiert [154, 166, 190, 295].

Angaben über letale Dosen von Opioiden beim Menschen sind kaum möglich. Dies hängt sicherlich damit zusammen, daß sich bei längerem Gebrauch Toleranz einstellt und daß Patienten im Schmerz wesentlich höhere Dosen vertragen als schmerzfreie Versuchspersonen. Für letztere gelten bei Morphin oral 120 mg oder parenteral 30 mg als kritische Grenze.

Die Symptome einer Überdosierung beinhalten die klassische Trias von *Koma, stecknadelkopfgroße Pupillen* („pinpoint pupils") und *Atemdepression*. Bei geringerer Dosierung ist der Patient eben noch ansprechbar und kann bei Aufforderung atmen (*Kommandoatmung*). Im komatösen Zustand findet man extrem niedrige Atemfrequenzen (2–4/min) mit begleitender Zyanose. Sobald der Gasaustausch zusammenbricht, sinkt auch der Blutdruck kontinuierlich ab. Anfangs läßt er sich noch durch adäquate Beatmung stabilisieren, später kommt es zu Kapillarversagen und protrahiertem Schock mit persistierender Urinproduktion. Relativ häufig findet man ein begleitendes Lungenödem. Der Muskeltonus nimmt ab, und ein Vorfall der Zunge kann die Ventilation auch mechanisch behindern. Gelegentlich sieht man aber auch Konvulsionen. Der Tod tritt üblicherweise durch den Ausfall der

Spontanatmung ein. Bei gleichzeitiger Einnahme von Hypnotika oder Alkohol wird der Ablauf gravierender und schneller.

Die Behandlung besteht in den üblichen Reanimationsmaßnahmen, wobei die Sicherstellung freier Atemwege und ausreichender Ventilation an erster Stelle steht. Naloxon (0,2–0,4 mg fraktioniert im Abstand von 2–3 min bis zum Erfolg) ist heute die Methode der Wahl; wenn nach insgesamt 10 mg Naloxon keine Besserung eintritt, ist entweder die Diagnose falsch gewesen oder der Verlauf bereits irreversibel (bei Vergiftung mit Agonist-Antagonisten können ggf. noch höhere Dosen erforderlich sein). Opiatantagonisten mit agonistischer Wirkungskomponente (z. B. Levallorphan) sind abzulehnen, weil sie den Zustand verschlimmern können, falls Opioide nicht die Hauptursache für die Intoxikation darstellen. Bei Überdosierung von Drogenabhängigen ist nach Naloxon mit einem schweren Entzugssyndrom zu rechnen, das den klinischen Ausgang seinerseits erschweren kann. Auch Konvulsionen nach Intoxikation mit Opioiden sprechen auf Naloxon an. Auf die intensivmedizinische Behandlung und die Frage einer möglichen Entzugstherapie, die sich an eine erfolgreiche Reanimation anschließt, soll im Rahmen dieses Buches nicht weiter eingegangen werden.

Literatur

1. Abboud TK, Moore M, Zhu J, Murakawa K, Minehart M, Longhitano M, Terrasi J, Klepper ID, Choi Y, Kimball S, Chu G (1987) Epidural butorphanol or morphine for the relief of post-cesarean section pain: ventilatory responses to carbon dioxide. Anesth Analg 66:887–893
2. Abboud TK, Dror A, Mosaad P, Zhu J, Mantilla M, Swart F, Gangolly J, Silao P, Makar A, Mocre J, Davis H, Lee J (1988) Mini-dose intrathecal morphine for the relief of post-cesarean section pain: safety, efficacy, and ventilatory response to carbon dioxide. Anesth Analg 67:137–143
3. Abeloos J, Rolly G, Uten M (1983) Double-blind study with nefopam, tilidine and placebo for postoperative pain suppression. Acta Anaesthesiol Belg 34:283–294
4. Abouleish E (1988) Apnoea associated with the intrathecal administration of morphine in obstetrics. A case report. Br J Anaesth 60:592–494
5. Abouleish E, Rawal N, Fallon K, Hernandez D (1988) Combined intrathecal morphine and bupivacaine for cesarean section. Anesth Analg 67:370–374
6. Acalovschi I, Ene V, Lörinczi E, Nicolaus F (1986) Saddle block with pethidine for perineal operations. Br J Anaesth 58:1012–1016
7. Adelhoj B, Petring OU, Ibsen M, Brynnum J, Poulsen HE (1985) Buprenorphine delays drug absorption and gastric emptying in man. Acta Anaesthesiol Scand 29:599–601
8. Adler TK, Fujimoto JM, Way EL, Baker EM (1955) The metabolic fate of codeine in man. J Pharmacol 114:251–262
9. Adriaensen H, Mattelaer B, Vanmeenen H (1985) A long-term open, clinical and pharmacokinetic assessment of sublingual buprenorphine in patients suffering from chronic pain. Acta Anaesthesiol Belg 36:33–40
10. Ahlgren FIH, Ahlgren MBE (1987) Epidural administration of opiates by a new device. Pain 31:353–357
11. Agurell S, Boréus L, Gordon E, Lindgren JE, Ehrnebro M, Lönroth U (1974) Plasma and cerebrospinal fluid concentrations of pentazocine in patients: assay by mass fragmentography. J Pharm Pharmacol 26:1–8
12. Akil H, Watson SJ, Young E, Lewis ME, Khachaturian H, Walker JM (1984) Endogenous opioids: biology and function. Annu Rev Neurosci 7:223–255
13. Andersen R, Krogh K (1976) Pain as a major cause of postoperative nausea. Can Anaesth Soc J 23:366–369

14. Anderson P, Arnér S, Bondesson U, Boréus LO, Hartvig P (1986) Pharmacokinetics of ketobemidone. Adv Pain Res Ther 8:171–178
15. Andree RA (1980) Sudden death following naloxone administration. Anesth Analg 59:782–784
16. Alderman EL, Barry WH, Graham AF, Harrison DC (1972) Hemodynamic effects of morphine and pentazocine differ in cardiac patients. N Engl J Med 287:623–627
17. Alon E, Schulthess G, Axhausen C, Hossli G (1981) Doppelblindvergleichsstudie über die Wirkung von Tramadol und Buprenorphin auf die postoperativen Schmerzen. Anaesthesist 30:623–626
18. Alon E, Rajower I, Schulthess G, Hossli G (1982) Buprenorphine, tramadol and nicomorphine for control of postoperative pain. Anaesthesiologie und Intensivmedizin 153:127–131
19. Alon E, Krayer S, Hossli G (1984) Analgesie und Nebenwirkungen von Nalbuphin (Nubain) im Vergleich zu Morphin nach Hysterektomie. Anaesthesist 33:360–362
20. Andrews CJH, Prys-Roberts C (1983) Fentanyl – a review. In: Bullingham RES (ed) Opiate analgesia. Saunders, London, pp 97–122
21. Arend J, von Arnim B, Nijssen J, Scheele J, Flohé L (1978) Tramadol und Pentazocin im klinischen Doppelblind-Crossover-Vergleich. Arzneim Forsch 28:199–208
22. Armstrong PJ, Bersten A (1986) Normeperidine toxicity. Anesth Analg 65:536–538
23. Arndt JO, Mameghani F (1980) Die Funktion homöostatischer Kreislaufreflexe unter Etomidat, Fentanyl und Dehydrobenzperidol. Anaesthesist 29:200–207
24. Arner S, Rawal N, Gustafsson LL (1988) Clinical experience of long-term treatment with epidural and intrathecal opioids – a nationwide survey. Acta Anaesthesiol Scand 32:253–259
25. Aromaa U, Korttila K, Tammisto T (1980) The role of diazepam in the production of balanced anaesthesia. Acta Anaesthesiol Scand 24:36–40
26. Artruu AA (1986) Midazolam potentiates the analgesic effect of morphine in patients with postoperative pain. Clin J Pain 2:93–100
27. Asantila R, Rosenberg PH, Scheinin B (1986) Comparison of different methods of postoperative analgesia after thoracotomy. Acta Anaesthesiol Scand 30:421–425
28. Asbury AJ (1986) Pupil response to alfentanil and fentanyl. A study in patients anaesthetized with halothane. Anaesthesia 41:717–720
29. Askitopoulou H, Whitwam JG, Al-Khuhairi D, Chakrabarti M, Bower S, Hull CJ (1985) Acute tolerance to fentanyl during anesthesia in dogs. Anesthesiology 63:255–261
30. D'Athis F, Macheboeuf M, Thomas H, Robert C, Desch G, Galtier M, Mares P, Eledjam JJ (1988) Epidural analgesia with a bupivacaine-fentanyl mixture in obstetrics: comparison of repeated injections and continuous infusion. Can J Anaesth 35:116–122

31. Ausems ME, Hug CC, de Lange S (1983) Variable rate infusion of alfentanil as a supplement to nitrous oxide anaesthesia for general surgery. Anesth Analg 62:982–986
32. van der Auwera D, Verborgh C, Camu F (1987) Analgesic and cardiorespiratory effects of epidural sufentanil and morphine in humans. Anesth Analg 66:999–1003
33. Awouters F, Niemegeers CFE, Janssen PAJ (1983) Pharmacology of antidiarrheal drugs. Annu Rev Pharmacol Toxicol 23:279–301
34. Azar I, Turndorf H (1979) Severe hypertension and multiple atrial premature contractions following naloxone administration. Anesth Analg 58:524–525
35. Bach V, Carl P, Ravlo O, Crawford ME, Werner M (1986) Potentiation of epidural opioids with epidural droperidol. A one year retrospective study. Anaesthesia 41:1116–1119
36. Bahar M, Rosen M, Vickers MD (1985) Self-administered nalbuphine, morphine and pethidine. Comparison, by intravenous route, following cholecystectomy. Anaesthesia 40:529–532
37. Bailey PW, Smith BE (1980) Continuous epidural infusion of fentanyl for postoperative analgesia. Anaesthesia 35:1002–1006
38. Bailey PL, Clark NJ, Pace NL, Stanley TH, East KA, van Vreeswijk H, van de Pol P, Clissold MA (1987) Antagonism of postoperative opioid-induced respiratory depression: nalbuphine versus naloxone. Anesth Analg 66:1109–1114
39. Ballantyne JC, Loach AB, Carr DB (1988) Itching after epidural and spinal opiates. Pain 33:149–160
40. Baraka A, Noueihed R, Hajj S (1981) Intrathecal injection of morphine for obstetric analgesia. Anesthesiology 54:136–140
41. Beaumont A, Hughes J (1979) Biology of opioid peptides. Annu Rev Pharmacol Toxicol 19:245–267
42. Beaver WT, Wallenstein SL, Houde RW, Rogers A (1969) A comparison of the analgesic effects of profadol and morphine in patients with cancer. Clin Pharmacol Ther 10:314–319
43. Beaver WT, Feise GA (1977) A comparison of the analgesic effect of oxymorphone by rectal suppository and intramuscular injection in patients with postoperative pain. J Clin Pharmacol 17:276–291
44. Beaver WT, Feise GA, Robb D (1981) Analgesic effect of intramuscular and oral nalbuphine in postoperative pain. Clin Pharmacol Ther 29:174–180
45. Bechstein WO, Mehler D, Kirchner E (1984) Akute respiratorische Insuffizienz nach intravenöser Buprenorphin-Gabe. Anästh Intensivmed 25:449–451
46. Becker LD, Paulson BA, Miller RD, Severinghaus JW, Eger EI (1976) Biphasic respiratory depression after fentanyl-droperidol or fentanyl alone used to supplement nitrous oxide anesthesia. Anesthesiology 44:291–296
47. Beckett AH, Casey AF (1954) Synthetic analgesics, stereochemical considerations. J Pharm Pharmacol 6:986–1001
48. Beckett AH, Taylor JF (1967) Blood concentration of pethidine and pentazocine in mother and infant at the time of birth. J Pharm Pharmacol 19 (Suppl):50S–52S

49. Beeby D, Macintosh KC, Bailey M, Welch DB (1984) Postoperative analgesia for caesarean section using epidural methadone. Anaesthesia 39:61–63
50. Beecher HK (1957) The measurement of pain. Prototype for the quantitative study of subjective responses. Pharmacol Rev 9:59–209
51. Benlabed M, Ecoffey C, Levron JC, Flaisler B, Gross JB (1987) Analgesia and ventilatory response to CO_2 following epidural sufentanil in children. Anesthesiology 67:948–951
52. Bennett MJ, Anderson LK, McMillan JC, Ebertz JM, Hanifin JM, Hirshman CA (1986) Anaphylactic reaction during anaesthesia associated with positive intradermal skin test to fentanyl. Can Anaesth Soc J 33:75–78
53. Benthuysen JL, Ty Smith N, Sanford TJ, Head N, Dec-Silver H (1986) Physiology of alfentanil-induced rigidity. Anesthesiology 64:440–446
54. Bentley JB, Borel JD, Gillespie TJ, Vaughan RW, Gandolfi AJ (1981) Fentanyl pharmacokinetics in obese and nonobese patients. Anesthesiology 55:A177
55. Bentley JB, Conahan TJ, Cork RC (1983) Fentanyl sequestration in lungs during cardiopulmonary bypass. Clin Pharmacol Ther 34:703–706
56. Berg-Seiter S, Koßmann B, Dick W, Lorenz W (1985) Untersuchungen zum Verhalten der Plasmahistaminspiegel nach periduraler Morphinapplikation. Anaesthesist 34:388–391
57. Berger JM, Ontell R (1987) Intrathecal morphine in conjunction with a combined spinal and general anesthetic in a patient with multiple sclerosis. Anesthesiology 66:400–402
58. Berkowitz BA, Asling JH, Shnider SM, Way EL (1969) Relationship of pentazocine plasma levels to pharmacological activity in man. Clin Pharmacol Ther 10:320–328
59. Berkowitz BA (1976) The relationship of pharmacokinetics to pharmacological activity: morphine, methadone and naloxone. Clin Pharmacokinet 1:219–230
60. Bernatzky G, Jurna I (1986) Intrathecal injection of codeine, buprenorphine, tilidine, tramadol and nefopam depresses the tail-flick response in rats. Eur J Pharmacol 120:75–80
61. Berntzen D, Götestam KG (1987) Effects of on-demand versus fixed-interval schedules in the treatment of chronic pain with analgesic compounds. J Consult Clin Psychol 55:213–217
62. Bilsback P, Rolly G, Tampbulon O (1985) Efficacy of the extradural administration of lofentanil, buprenorphine or saline in the management of postoperative pain. A double-blind study. Br J Anaesth 57:943–948
63. Bingham RM, Hinds J (1987) Influence of bolus doses of phenoperidine on intracranial pressure and systemical arterial pressure in traumatic coma. Br J Anaesth 59:592–595
64. Bird KJ (1986) Narcotic-induced choledochoduodenal sphincter spasm reversed by naloxone. A case report and review. Anaesthesia 41:1120–1123
65. Bitsch M, Emmrich J, Hary G, Lippach G, Rindt W (1980) Geburtshilfliche Analgesie mit Tramadol. Fortschr Med 98:632–634

66. Blanco J, Blanco E, Carceller JM, Sarabia A, Solares G (1987) Epidural analgesia for post-cesarean pain relief: a comparison between morphine and fentanyl. Eur J Anaesth 4:395–399
67. Blom H, Schmidt JF, Rytlander M (1984) Rectal diazepam compared to intramuscular pethidine/promethazine/chlorpromazine with regard to gastric contents in paediatric anaesthesia. Acta Anaesthesiol Scand 28:652–653
68. Blond S, Meynadier J, Chrubasik J, Dupard T, Dubar M, Combelles-Pruvot M, Christiaens JL, Demaille A (1985) Intrathekale und intraventrikuläre Morphin-Analgesie bei Karzinompatienten. Langzeit-Erfahrungen. Schmerz-Pain-Douleur 6:129–135
69. Bloom FE (1983) The endorphins: a growing family of pharmacologically pertinent peptides. Annu Rev Pharmacol Toxicol 23:151–170
70. Bloomfield SS, Barden TP, Mitchell J (1980) Nefopam and propoxyphene in episiotomy pain. Clin Pharmacol Ther 27:502–507
71. Bodenham A, Quinn K, Park GR (1989) Extrahepatic morphin metabolism in man during the anhepatic phase of orthotopic liver transplantation. Br J Anaesth 63:380–84
72. Boersma FP, Buist AB, Thie J (1987) Epidural pain treatment in the northern Netherlands. Organizational and treatment aspects. Acta Anaesthesiol Belg 38:213–216
73. Bohannon TW, Estes MD (1987) Evaluation of subarachnoid fentanyl for postoperative analgesia. Anesthesiology 67:A237
74. Boldt J, Kling D, von Bormann B, Knoblauch K, Görlach G, Hempelmann G (1987) Meptazinol, ein neuartiges Analgetikum. Hämodynamische und respiratorische Effekte. Anaesthesist 36:622–628
75. Bondesson U, Arnér S, Anderson P, Boréus LO, Hartvig P (1980) Clinical pharmacokinetics and oral bioavailability of ketobemidone. Eur J Clin Pharmacol 17:45–50
76. Borgeat A, Biollaz J, Depierraz B, Neff R (1988) Grand mal seizure after extradural morphine analgesia. Br J Anaesth 60:733–735
77. von Bormann B, Boldt J, Sturm G, Kling D, Weidler B, Lohmann E, Hempelmann G (1985) Calciumantagonisten in der Anaesthesie. Additive Analgesie durch Nimodipin während cardiochirurgischer Eingriffe. Anaesthesist 34:429–434
78. von Bormann B, Ratthey K, Schwetlick G, Schneider C, Müller H, Hempelmann G (1988) Postoperative Schmerztherapie durch transdermales Fentanyl. Anaesth Intensivther Notfallmed 23:3–8
79. Boulard G, Arnauld E, Guerin J, Ducassou D, Bioulac B, Sabathie M (1982) Hormone antidiuretique, ACTH et prolactine plasmatique au cours de l'administration de fentanyl chez l'homme. Agressologie 23:43–46
80. Bovill JG, Sebel PS, Blackburn CL, Dei-Lim V, Heykants JJ (1984) The pharmacokinetics of sufentanil in surgical patients. Anesthesiology 61:502–506

81. Bowdle TA, Greichen SL, Bjustrom RL, Schone RB (1987) Butorphanol improves CO_2-response and ventilation after fentanyl anesthesia. Anesth Analg 517–522
82. Boysen K, Hertel S, Chraemmer-Jorgensen B, Risbo A, Poulsen NJ (1988) Buprenorphine antagonism of ventilatory depression following fentanyl anaesthesia. Acta Anaesthesiol Scand 32:490–492
83. Brandt EN (1984) Compassionate pain relief: is heroin the answer? N Engl J Med 311:530–532
84. Braude MC, Harris LS, May EL, Smith JP, Villarreal JE (Hrsg) (1973) Narcotic antagonists. Raven Press, New York
85. Brewster D, Humphrey HJ, McCleavy MA (1981) The systemic bioavailability of buprenorphine by various routes of administration. J Pharm Pharmacol 35:500–506
86. Brewster D, Humphrey HJ, McLeavy MA (1981) Bilary excretion, metabolism and enterohepatic circulation of buprenorphine. Xenobiotica 11:189–196
87. Bristow A, Shalev D, Rice B, Lipton JM, Giesecke AH (1987) Low-dose synthetic narcotic infusions for cerebral relaxation during craniotomies. Anesth Analg 66:413–416
88. Brodsky JB, Kretzschmar KM, Mark JBD (1988) Caudal epidural morphine for post-thoracotomy pain. Anesth Analg 67:409–410
89. Brogden RN, Speight TM, Avery GS (1973) Pentazocine: a review of its pharmacological properties, therapeutic efficacy and dependence liability. Drugs 5:6–91
90. Bromage PR, Camporesi E, Chestnut D (1980) Epidural narcotics for postoperative analgesia. Anesth Analg 59:473–480
91. Bromm B, Meier W, Scharein E (1983) Antagonism between tilidine and naloxone on cerebral potentials and pain rating in man. Eur J Clin Pharmacol 87:431–439
92. Bromm B (1985) Modern techniques to measure pain in healthy man. Methods Find Exp Clin Pharmacol 7:161–169
93. Brooks GZ, Ngeow YF (1982) Narcotics: Mother, fetus, and neonate. In: Kitahata LM, Collins JG (eds) Narcotic analgesics in anesthesiology. Williams & Wilkins, Baltimore London, pp 157–176
94. Brownridge P, Wrobel J, Watt-Smith J (1983) Respiratory depression following accidental subarachnoid pethidine. Anaesth Intensive Care 11:237–240
95. Brownridge P, Frewin DB (1985) A comparative study of techniques of postoperative analgesia following Cesarean section and lower abdominal surgery. Anaesth Intensive Care 13:123–130
96. Bruera E, Brenneis C. Michaud M, Chadwick S, MacDonald RN (1987) Continuous sc infusion of narcotics using a portable disposable device in patients with advanced cancer. Cancer Treat Rep 71:635–637
97. Bullingham RES, McQuay HJ, Moore A, Bennett MRD (1980) Buprenorphine kinetics. Clin Pharmacol Ther 28:667–672

98. ...llingham RES, McQuay HJ, Moore RA (1983) Clinical pharmacokinetics of narcotic agonist-antagonist drugs. Clin Pharmacokinet 8:332–343
99. Burks TF (1976) Gastrointestinal pharmacology. Annu Rev Pharmacol Toxicol 16:15–31
100. Busch EH, Stedman PM (1987) Epidural morphine for postoperative pain on medical-surgical wards – a clinical review. Anesthesiology 67:101–104
101. Camagay IT, Gomez QJ (1982) Balanced anesthesia with nalbuphine hydrochloride in pediatric patients: preliminary results. Phil J Anesth 6:10–19
102. Campbell C, Phillips O, Frazier TM (1961) Analgesia during labor: a comparison of pentobarbital, meperidine, and morphine. Obstet Gynecol 17:714–718
103. Camu F, Schneider I (1987) Pain therapy: from theoretical research to clinical application. Acta Anaesthesiol Belg 38:169–174
104. Carl P, Crawford ME, Ravlo O, Bach V (1986) Longterm treatment with epidural opioids. A retrospective study comprising 150 patients treated with morphine chloride and buprenorphine. Anaesthesia 41:32–38
105. Carl P, Crawford ME, Madsen NBB, Ravlo O, Bach V, Larsen AI (1987) Pain relief after major abdominal surgery: a double-blind controlled comparison of sublingual buprenorphine, intramuscular buprenorphine, and intramuscular meperidine. Anesth Analg 66:142–146
106. Carrie LES, O'Sullivan GM, Seegobin R (1981) Epidural fentanyl in labour. Anaesthesia 36:956–969
107. Cartwright DP (1987) Clinical experience with alfentanil infusion. Eur J Anaesth (Suppl 1):39–41
108. Caruso FS (1986) Butorphanol: clinical analgesic studies. Adv Pain Res Ther 8:253–257
109. de Castro J, v d Water A, Wouters L, Xhonneux R, Reneman R, Kay B (1979) Comparative study of cardiovascular, neurological and metabolic side-effects of eight narcotics in dogs. Acta Anaesthesiol Belg 30:5–99
110. Catley DM, Thornton C, Jordan C, Lehane JR, Royston D, Jones JG (1985) Pronounced, episodic oxygen desaturation in the postoperative period: its association with ventilatory pattern and analgesic regimen. Anesthesiology 63:20–28
111. Chabal C, Jacobson L, Little J (1988) Effects of intrathecal fentanyl and lidocaine on somatosensory-evoked potentials, the H-reflex, and clinical responses. Anesth Analg 67:509–513
112. Chapman DB, Way EL (1980) Metal ion interactions with opiates. Annu Rev Pharmacol Toxicol 20:553–579
113. Chapman CR, Casey KL, Dubner R, Foley KM, Gracely RH, Reading AE (1985). Pain measurement: an overview. Pain 22:1–31
114. Chauvin M, Salbaing J, Perrin D, Levron JC, Viars P (1985) Clinical assessment and plasma pharmacokinetics associated with intramuscular or extradural alfentanil. Br J Anaesth 57:886–891

115. Chauvin M, Bonnet F, Montembault C, Levron JC, Viars P (1986) The influence of hepatic plasma flow on alfentanil plasma concentration plateau achieved with an infusion model in humans: measurement of alfentanil hepatic extraction coefficient. Anesth Analg 65:999–1003
116. Chauvin M, Lebrault C, Levron DC, Duvaldestin P (1987) Pharmacokinetics of alfentanil in chronic renal failure. Anesth Analg 66:53–56
117. Chauvin M, Ferrier C, Haberer JP, Spielvogel C, Lebrault C, Levron JC, Duvaldestin P (1989) Sufentanil pharmacokinetics in patients with cirrhosis. Anesth Analg 68:1–4
118. Cherry DA, Gourlay GK, Cousins MJ (1986) Epidural mass associated with lack of efficacy of epidural morphine and undetectable CSF morphine concentrations. Pain 25:69–73
119. Chessik KC, Black S, Hoye SJ (1975) Spasm and intraoperative cholangiography. Arch Surg 110:53–57
120. Chestnutt WN, Clarke RSJ, Dundee JW (1987) Comparison of nalbuphine, pethidine or placebo as premedication for minor gynaecological surgery. Br J Anaesth 59:576–580
121. Child CT, Kaufman L (1985) Effect of intrathecal diamorphine on the adrenocortical, hyperglycaemic and cardiovascular responses to major surgery. Br J Anaesth 57:389–393
122. Chisholm RJ (1983) Narcotics and spasm of sphincter of oddi. A retrospective study of intraoperative cholangiograms. Anaesthesia 38:689–691
123. Chraemmer Jorgensen B, Schmidt JF, Risbo A, Pedersen J, Kolby P (1985) Regular interval preventive pain relief compared with on demand treatment after hysterectomy. Pain 21:137–142
124. Chrubasik J, Wiemers K (1985) Continuous-plus-on-demand epidural infusion of morphine for postoperative pain relief by means of a small, externally worn infusion device. Anesthesiology 62:263–267
125. Chrubasik J, Falke K, Zindler M, Geller E, Niv D, Friedrich G, Schulte-Mönking J (1986) Indication for pulmonary metabolism of morphine? Schmerz-Pain-Douleur 7:36–38
126. Chrubasik J, Warth L, Wüst H, Bretschneider H, Schulte-Mönting J, Röher HD, Zindler M (1988) Untersuchungen zur analgetischen Wirksamkeit peridural applizierten Tramadols bei der Behandlung von Schmerzen nach abdominalchirurgischen Eingriffen. Schmerz-Pain-Douleur 9:12–18
127. Chrubasik J, Wüst H, Friedrich G, Geller E (1988) Absorption and bioavailability of nebulized morphine. Br J Anaesth 61:228–230
128. Chrubasik J, Wüst H, Schulte-Mönting J, Thon K, Zindler M (1988) Relative analgesic potency of epidural fentanyl, alfentanil, and morphine in treatment of postoperative pain. Anesthesiology 929–933
129. Church JJ (1979) Continuous narcotic infusion for relief of postoperative pain. Br Med J 278:977–979
130. Clarke RSJ (1984) Nausea and vomiting. Br J Anaesth 56:19–127

131. Clemensen SE, Thayssen P, Hole P (1987) Epidural morphine for outpatients with severe anginal pain. Br Med J 294: 475–476
132. Clergue F, Montembault C, Despierres O, Ghesquiere F, Harari A, Viars P (1984) Respiratory effects of intrathecal morphine after upper abdominal surgery. Anesthesiology 61:677–685
133. Cohen MR, Cohen RM, Pickar D, Weingartner H, Murphy DL (1983) High-dose naloxone infusions in normals. Dosedependent behavioral, hormonal, and physiological responses. Arch Gen Psychiatry 40:613–619
134. Cohen AT, Kelly DR (1987) Assessment of alfentanil by intravenous infusion as long-term sedation in intensive care. Anaesthesia 42:545–548
135. Cohen SE, Tan S, Albright GA, Halpern J (1987) Epidural fentanyl/bupivacaine mixtures for obstetric analgesia. Anesthesiology 67:403–407
136. Cohen SE, Tan S, White PF (1988) Sufentanil analgesia following cesarean section: epidural versus intravenous administration. Anesthesiology 68:129–134
137. Coltart DJ, Malcolm AD (1979) Pharmacological and clinical importance of narcotic antagonists and mixed agonists – use in cardiology. Br J Clin Pharmacol 7 (Suppl 3):309S–313S
138. Comstock MK, Carter JR, Moyers JR, Stevens WC (1981) Rigidity and hypercarbia with high dose fentanyl induction of anesthesia. Anesth Analg 60:362–363
139. Cone EJ, Phelps BA, Gorodetzky CW (1977) Urinary excretion of hydromorphone and metabolites in humans, rats, dogs, guinea pigs, and rabbits. J Pharm Sci 66:1709–1713
140. Cone EJ, Darwin WD, Gorodetzky CW, Tan T (1978) Comparative metabolism of hydrocodone in man, rat, guinea pig, rabbit, and dog. Drug Metab Dispos 6:488–493
141. Coombs DW, Fratkin JD, Meier FA, Nierenberg DW, Saunders RL (1985) Neuropathological lesions and CSF concentrations during continuous intraspinal morphine infusion. A clinical and post-mortem study. Pain 22:337–351
142. Coombs DW, Saunders RL, Lachange D, Savage S, Ragnarsson TS, Jensen LE (1985) Intrathecal morphine tolerance: use of intrathecal clonidine, DADLE, and intraventricular morphine. Anesthesiology 62:358–363
143. Coombs DW (1986). Management of chronic pain by epidural and intrathecal opioids. Newer drugs and delivery systems. Int Anesthesiol Clin 24:59–74
144. Corall IM, Moore AR, Strunin L (1980) Plasma concentrations of fentanyl in normal surgical patients and those with severe renal and hepatic disease. Br J Anaesth 52:101P
145. Cousins MJ, Mather LE (1984) Intrathecal and epidural administration of opioids. Anesthesiology 61:276–310
146. Cousins MJ (1988) The spinal route of analgesia. Acta Anaesthesiol Belg 39 (Suppl 2):71–82

147. Craft JB, Coaldrake LA, Bolan JC, Mondino M, Mazel P, Gilman RM, Shokes LK, Woolf WA (1983) Placental passage and uterine effects of fentanyl. Anesth Analg 62:894–898
148. Crean P, Goresky G, Klein J, Macleod S (1986) Fentanyl–oxygen versus fentanyl–N_2O/oxygen anaesthesia in children undergoing cardiac surgery. Can Anaesth Soc J 33:36–40
149. Criee CP, Neuhaus KL, Wilhelms E, Homann H, Kreutzer H (1984) Die effektive inspiratorische Impedanz – ein einfacher Index zur Abschätzung der mechanischen Eigenschaften des respiratorischen Systems. Atemw Lungenkrh 10:260–265
150. Crone LAL, Conly JM, Clark KM, Crichlow AC, Wardell GC, Zbitnew A, Rea LM, Cronk SL, Anderson CM, Tan LK, Albritton WL (1988) Recurrent herpes simplex virus labialis and the use of epidural morphine in obstetric patients. Anesth Analg 67:318–323
151. Dadabhoy ZP, Tapia DP, Zsigmond EK (1985) Transplacental transfer of nalbuphine in patients undergoing cesarean section. Anesthesiology 64:205
152. Daghero AM, Bradley EL, Kissin I (1987) Midazolam antagonizes the analgesic effect of morphine in rats. Anesth Analg 66:944–947
153. Dahlström B, Bolme P, Feychting H, Noack G, Paalzow L (1979) Morphine kinetics in children. Clin Pharmacol Ther 26:354–365
154. Dahlström B, Tamsen A, Paalzow L, Hartvig P (1982) Patient-controlled analgesic therapy, part IV: pharmacokinetics and analgesic plasma concentrations of morphine. Clin Pharmacokinet 7:266–279
155. Dailey PA, Brookshire L, Abboud TK, Kotelko DM, Noueihed R, Thipgen JW, Khoo SS, Raya JA, Foutz SE, Vrizgys RV, Goebelsmann U, Lo MW (1985) The effects of naloxone associated with the intrathecal use of morphine in labor. Anesth Analg 64:658–666
156. Dann WL, Hutchinson A, Cartwright DP (1987) Maternal and neonatal responses to alfentanil administered before induction of general anaesthesia for caesarean section. Br J Anaesth 59:1392–1396
157. Davis I (1987) Intrathecal morphine in aortic aneurysm surgery. Anaesthesia 42:491–497
158. Davis PJ, Cook DR, Stiller RL, Davin-Robinson KA (1987) Pharmacodynamics and pharmacokinetics of high-dose sufentanil in infants and children undergoing cardiac surgery. Anesth Analg 66:203–208
159. Davis PJ, Stiller RL, Cook DR, Brandom BW, Davin-Robinson KA (1988) Pharmacokinetics of sufentanil in adolescent patients with chronic renal failure. Anesth Analg 67:268–271
160. Dennis SG, Melzack R, Gutman S, Boucher F (1980) Pain modulation by adrenergic agents and morphine as measured by three pain tests. Life Sci 26:1247–1259
161. Derbyshire DR, Vater M, Maile CID, Larsson IM, Aitkenhead AR, Smith G (1984) Non-parenteral postoperative analgesia. A comparison of sublingual

buprenorphine and morphine sulphate (slow release) tablets. Anaesthesia 39:324–328
162. Derbyshire DR, Bell A, Parry PA, Smith G (1985) Morphine sulphate slow release. Comparison with i.m. morphine for postoperative analgesia. Br J Anaesth 57:858–865
163. Devenyi P, Mitwalli A, Graham W (1982) Clonidine therapy for narcotic withdrawal. Can Med Assoc J 127:1009–1011
164. Dick W, Knoche E, Grundlach G, Klein I (1983) Klinisch experimentelle Untersuchungen zur postoperativen Infusionsanalgesie. Anaesthesist 32:272–278
165. Dick W (1986) Probleme der Analgesie und Anästhesie in der Notfallmedizin. Anaesthesiologie und Intensivmedizin 174:327–342
166. Don HF, Dieppa RA, Taylor P (1975) Narcotic analgesics in anuric patients. Anesthesiology 42:745–747
167. Donadoni R, Rolly G, Noorduin H, vanden Bussche G (1985) Epidural sufentanil for postoperative pain relief. Anaesthesia 40:634–638
168. Donadoni R, Capiau P (1987) Cardiac arrest after spinal sufentanil: a case report. Acta Anaesthesiol Belg 38:175–177
169. Donadoni R, Vermeulen H, Noorduin H, Rolly G (1987) Intrathecal sufentanil as a supplement to subarachnoid anaesthesia with lignocaine. Br J Anaesth 59:1523–1527
170. Douglas MJ, Kim JHK, Ross PLE, McMorland GH (1986) The effect of epinephrine in local anaesthetic on epidural morphine-induced pruritus. Can Anaesth Soc J 33:737–740
171. Downing JW, Goodwin NM, Hicks J (1979) The respiratory depressive effect of intravenous buprenorphine in patients in an intensive care unit. S Afr Med J 55:1023–1027
172. Downing JW, Williams V, Porte D, Woods S, Fogel K, Horn JH (1984) Rostral spread of epidural morphine. Anesth Analg 63:371–376
173. Drenger B, Caine M, Sosnovsky M, Magora F (1987) Physostigmine and naloxone reverse the effects of intrathecal morphine on the canine urinary bladder. Eur J Anaesth 4:375–382
174. Dryden GE (1986) Voluntary respiratory effects of butorphanol and fentanyl following barbiturate induction: a double-blind study. J Clin Pharmacol 26:203–207
175. Dubinksy B, Crew MC, Melgar MD, Karpowicz JK, Di Carlo FJ (1975) Correlation of analgesia with levels of tilidine and a biologically active metabolite in rat plasma and brain. Biochem Pharmacol 24:277–281
176. Duckett JE, McDonnell T, Zebrowski M, Witte M (1987) Lumbar versus thoracic continuous epidural sufentanil for postoperative analgesia after upper abdominal surgery. Anesth Analg 66:S45
177. Dudziak R (Hrsg) (1984) Nalbuphin. Ein neues Therapiekonzept in der postoperativen Phase. Perimed-Verlag, Erlangen

178. Due SL, Sullivan HR, McMahon RE (1976) Propoxyphene: pathways of metabolism in man and laboratory animals. Biochem Mass Spectrom 3:217–225
179. Duffin J, Hung S (1985) Respiratory rhythm generation. Can Anaesth Soc J 32:124–137
180. Duffy BL, Read MD (1984) Epidural pethidine for relief of episiotomy pain. Anaesth Intensive Care 12:137–139
181. Duggan AW, North RA (1983) Electrophysiology of opioids. Pharmacol Rev 35:219–282
182. Dundee JW (1960) Alterations in response to somatic pain associated with anaesthesia. II. The effect of thiopentone and pentobarbitone. Br J Anaesth 32:407–414
183. Dundee JW, Moore J (1961) The myth of phenothiazine potentiation. Anaesthesia 16:95–96
184. Dundee JW, Loan WJ, Moore J (1963) Alterations in response to somatic pain associated with anaesthesia. XV: Further studies with phenothiazine derivatives and similar drugs. Br J Anaesth 35:597–610
185. Dunkerley R, Johnson R, Schenker S, Wilkinson GR (1976) Gastric and biliary excretion of meperidine in man. Clin Pharmacol Ther 20:546–551
186. DuPen SL, Peterson DG, Bogosian AC, Ramsey DH, Larson C, Omoto M (1987) A new permanent exteriorized epidural catheter for narcotic self-administration to control cancer pain. Cancer 59:986–993
187. DuPen SL, Ramsey D, Chin S (1987) Chronic epidural morphine and preservative-induced injury. Anesthesiology 67:987–988
188. Duret JL (1986) The use of alfentanil (Rapifen^R) by infusion for surgical procedures of long duration. Acta Anaesthesiol Belg 37:237–241
189. Duthie DJR, Nimmo WS (1987) Adverse effects of opioid analgesic drugs. Br J Anaesth 59:61–77
190. Duthie DJR, Rowbotham DJ, Henderson PD, Nimmo WS (1988) Plasma fentanyl concentrations during transdermal delivery of fentanyl to surgical patients. Br J Anaesth 60:614–618
191. Dyer PM, Holloway AM (1983) Resistance to opiate analgesia. Anaesth Intensive Care 11:178–179
192. Eckenhoff JE, Oech SR (1960) The effects of narcotics and antagonists upon respiration and circulation in man. A review. Clin Pharmacol Ther 1:483–524
193. Economou G, Ward-McQuaid JN (1971) A cross-over comparison of the effect of morphine, pethidine, pentazocine on biliary pressure. Gut 12:218–221
194. Edwards WT, Burney RG, DiFazio C, Rowlingson JC (1986) Efficacy and safety of intramuscular dezocine in control of postoperative pain. Clin J Pain 2:183–189
195. Eimerl D, Magora F, Shir Y, Chrubasik J (1986) Patient-controlled analgesia with epidural methadone by means of an external infusion pump. Schmerz-Pain-Douleur 7:156–160
196. Eisele JH, Wright E, Rogge P (1982) Newborn and maternal fentanyl levels at cesarean section. Anesth Analg 61:179–180

197. Engineer S, Jennett S (1972) Respiratory depression following single and repeated doses of pentazocine and pethidine. Br J Anaesth 44:795–802
198. England DW, Davis IJ, Timmins AE, Downing R, Windsor CWO (1987) Gastric emptying: a study to compare the effects of intrathecal morphine and i.m. papaveretum analgesia. Br J Anaesth 59:1403–1407
199. Errick JK, Heel RC (1983) Nalbuphine. A preliminary review of its pharmacological properties and therapeutic efficacy. Drugs 26:191–211
200. van Essen EJ, Bovill JG, Ploeger EJ, Beerman H (1988) Intrathecal morphine and clonidine for control of intractable cancer pain. A case report. Acta Anaesthesiol Belg 39:109–112
201. Etches RC, Sandler AN, Daley MD (1989) Respiratory depression and spinal opioids. Can J Anaesth 36:165–185
202. Estilo AE, Cottrell JE (1981) Naloxone, hypertension, and ruptured cerebral aneurysm. Anesthesiology 54:352
203. Evans JM, Hogg MIJ, Lunn JN, Rosen M (1974) A comparative study of the narcotic agonist activity of naloxone and levallorphan. Anaesthesia 29:721–727
204. Evans-Prosser CD (1968) The use of pethidine and morphine in the presence of monoamine oxidase inhibitors. Br J Anaesth 40:279–282
205. Evron S, Samueloff A, Simon A, Drengler B, Magora F (1985) Urinary function during epidural analgesia with methadone and morphine in postcesarean section patients. Pain 23:135–144
206. Eysenck HJ (1987) Psychological factors in the perception and toleration pain. Schmerz-Pain-Douleur 8:148–154
207. Faden AI (1984) Opiate antagonists and thyrotropin-releasing hormone. I. potential role in the treatment of shock. JAMA 252:1177–1180
208. Fahmy JH (1981) Hemodynamics, plasma histamine, and catecholamine concentrations during an anaphylactoid reaction to morphine. Anesthesiology 55:329–331
209. Fahmy NR, Bottros MR, Charchaflieh J, Sunder N, Carr D (1987) Effects of oxymorphone or fentanyl on systemic hemodynamics and plasma concentrations of histamine, catecholamines, and immunoreactive beta endorphin. Anesthesiology 67:A395
210. Famewo CE, Naguib M (1985) Spinal anaesthesia with meperidine as the sole agent. Can Anaesth Soc J 32:533–537
211. Faroqui MH, Cole M, Curran J (1983) Buprenorphine, benzodiazepines and respiratory depression. Anaesthesia 38:1002–1003
212. Fechner R, Racenberg E, Castor G (1985) Klinische Untersuchungen über die Wirkung von Morphin, Pentazocin, Pethidin, Piritramid und Tramadol auf die Atmung. Anästh Intensivmed 26:126–131
213. Feldstein GS, Waldmann SD, Allen ML (1987) Reversal of apparent tolerance to epidural morphine by epidural methylprednisolone. Anesth Analg 66: 264–266

214. Fennessy MR, Sawynok J (1973) The effect of benzodiazepines on the analgesic effect of morphine and sodium salicylate. Arch Int Pharmacodyn Ther 204:77–85
215. Ferrier C, Marty J, Bouffard Y, Haberer JP, Levron JC, Duvaldestin P (1985) Alfentanil pharmacokinetics in patients with cirrhosis. Anesthesiology 62: 480–484
216. Finch JS (1980) Analgesic comparison of propiram fumarate with pentazocine, codeine and placebo in postsurgical pain. J Clin Pharmacol 20:689–692
217. Finck AD, Berkowitz BA, Hempstead J, Ngai SH (1977) Pharmacokinetics of morphine: effects of hypercarbia on serum and brain morphine concentrations in the dog. Anesthesiology 47:407–410
218. Fink BR (1961) The stimulant effects of wakefulness on respiration: clinical aspects. Br J Anaesth 33:97–101
219. Fischler M, Levron JC, Trang H, Brodaty D, Dubois C, Guilmet D, Vourc'h G (1985) Pharmacokinetics of phenoperidine in patients undergoing cardiopulmonary bypass. Br J Anaesth 57:877–882
220. Fischler M, Levron JC, Trang H, Vaxelaire JF, Flaisler B, Vourc'h G (1985) Pharmacokinetics of phenoperidine in patients undergoing general surgery. Br J Anaesth 57:872–876
221. Fischer RL, Lubenow TR, Liceaga A, McCarthy RJ, Ivankovich AD (1988) Comparison of continuous epidural infusion of fentanyl-bupivacaine and morphine-bupivacaine in management of postoperative pain. Anesth Analg 67:559–563
222. Fishburne JI (1982) Systemic analgesia during labor. Clin Perinatol 9:29–53
223. Fitzpatrick GJ, Moriarty DC (1988) Intrathecal morphine in the management of pain following cardiac surgery. A comparison with morphine i.v. Br J Anaesth 60:639–644
224. Flacke JW, Flacke WE, Williams GD (1977) Acute pulmonary edema following naloxone reversal of high-dose morphine anesthesia. Anesthesiology 47:376–378
225. Flacke JW, Kripke BK, Bloor BC, Flacke WE, Katz RL (1983) Intraoperative effectiveness of sufentanil, fentanyl, meperidine, or morphine in balanced anesthesia: a double-blind study. Anesth Analg 62:259–260
226. Flacke JW, Bloor BC, Flacke WE, Wong D, Dazza S, Stead SW, Laks H (1987) Reduced narcotic requirement by clonidine with improved hemodynamic and adrenergic stability in patients undergoing coronary bypass surgery. Anesthesiology 67:11–19
227. Flacke JW, Flacke WE, Bloor BC, van Etten AP, Kripke BJ (1987) Histamine release by four narcotics: a double blind study in humans. Anesth Analg 66:723–730
228. Flezzani P, Alvis MJ, Jacobs JR, Schilling MM, Bai S, Reves JG (1987) Sufentanil disposition during cardiopulmonary bypass. Can J Anaesth 34:566–569
229. Foldes DD, Swerdlow M, Siker ES. Morphinartige Analgetika und ihre Antagonisten. Springer, Berlin, Heidelberg, New York 1968

230. Forrest WH, Bellville JW (1964) The effect of sleep plus morphine in the respiratory response to carbon dioxide. Anesthesiology 25:137–141
231. Forrest WH, Brown CR, Shroff PF, Teutsch G (1972) Relative potency of propiram and morphine for analgesia in man. J Clin Pharmacol 12:440–448
232. Forrest WH, Brown BMW, Brown CR, Defalque R, Gold M, Gordon HE, James KE, Katz J, Mahler DL, Schroff P, Teutsch G (1977) Dextroamphetamine with morphine for the treatment of postoperative pain. N Engl J Med 296:712–715
233. Frank M, McAteer EJ, Cattermole R, Loughnan B, Stafford LB, Hitchcock AM (1987) Nalbuphine for obstetric analgesia. A comparison of nalbuphine with pethidine for pain relief in labour when administered by patient-controlled analgesia (PCA). Anaesthesia 42:696–703
234. Frederickson RCA, Geary LE (1982) Endogenous opioid peptides: a review of physiological, pharmacological and clinical aspects. Progr Neurobiol 19:19–69
235. Freund FG, Martin WE, Wong KC, Hornbein TF (1973) Abdominal-muscle rigidity induced by morphine and nitrous oxide. Anesthesiology 38:358–362
236. Fry ENS (1984) Postoperative analgesia: a technique using continuous infusion of buprenorphine. Anaesthesia 39:1134–1135
237. Freye E, Arndt JO (1980) Perfusion of fentanyl through the fourth cerebral ventricle and its cardiovascular effects in awake and halothane anesthetised dogs. Anaesthesist 29:208–213
238. Freye E, Hartung E, Kaliebe S (1983) Prevention of late fentanyl-induced respiratory depression after the injection of opiate antagonists naltrexone and S-20682: comparison with naloxone. Br J Anaesth 55:71–77
239. Freye E, Hartung E, Schenk GK (1983) Bremazocine: an opiate that induces sedation and analgesia without respiratory depression. Anesth Analg 62:483–488
240. Freye E, Hartung E. Opioide und ihre Antagonisten in der Anästhesiologie. Grundlagen zur Wirkweise und Hinweise zur praktischen Anwendung. Perimed-Verlag, Erlangen 1985
241. Freye E, Azevedo L, Hartung E (1985) Reversal of fentanyl related respiratory depression with nalbuphine. Effects on the CO_2-response curve in man. Acta Anaesthesiol Belg 36:365–374
242. Freye E, Ciaramelli F, Fournell A (1986) Nalbuphine versus pentazocine in postoperative pain after orthopaedic surgery – a double-blind study. Schmerz-Pain-Douleur 7:101–105
243. Freye E, Hartung E, Buhl R (1986) Alfentanil als letzte Dosis (on-top) in der Neuroleptanalgesie mit Fentanyl. Pharmakokinetik und Pharmakodynamik unter Berücksichtigung kortikaler Wirkeffekte. Anaesthesist 35:231–237
244. Freye E, Helle G (1988) Der Agonist-Antagonist Nalbuphin verlängert die gastro-coekale Transitzeit und induziert kurzfristig Schmerzen nach Neuroleptanalgesie mit Fentanyl. Eine Vergleichsuntersuchung zu Plazebo. Anaesthesist 37:400–445

245. Fritz KW, Seitz W, Zinck B, Bechstein W, Osterhaus A, Lüllwitz E (1985) Die Beeinflussung der Hämodynamik bei polytraumatisierten Patienten durch Tilidin. Schmerz-Pain-Douleur 6:152–155
246. Fryman PN, Reynolds JK, Moser F, Avitable M, Casthely PA, Butt K (1988) Pharmacokinetics of sufentanil patients undergoing renal transplantation. Can J Anaesth 35:312–315
247. Gabka J (1978) Die analgetische Potenz von Valoron N. Bestimmungen der Dosisrelationen durch Reizschwellenmessungen. Krankenhausarzt 51:431–439
248. Gaffud MJ, Bansal P, Lawton C, Velasquez N, Watson WA (1986) Surgical analgesia for cesarean delivery with epidural bupivacaine and fentanyl. Anesthesiology 65:331–334
249. Gal TJ, DiFazio CA, Moscicki J (1982) Analgesic and respiratory depressant activity of nalbuphine: a comparison with morphine. Anesthesiology 57:367–374
250. Gal TJ, DiFazio CA (1984) Ventilatory and analgesic effects of dezocine in humans. Anesthesiology 61:716–722
251. Galloway FM, Varma S (1986) Double-blind comparison of intravenous dose of dezocine, butorphanol, and placebo for relief of postoperative pain. Anesth Analg 65:283–287
252. Garfield JM, Garfield FB, Philips BK, Earls D, Roaf E (1987) A comparison of clinical and physiological effects of fentanyl and nalbuphine in ambulatory gynecologic patients. Anesth Analg 66:1303–1307
253. Garrett JM, Sauer WG, Moertel CG (1967) Colonic motility in ulcerative colitis after opiate administration. Gastroenterology 53:93–100
254. Gepts E, Heytens L, Camu F (1986) Pharmacokinetics and placental transfer of intravenous and epidural alfentanil in parturient women. Anesth Analg 65:1155–1160
255. Gepts E, Sonck WA, Camu F, Vercruysse A (1987) Pharmacokinetics of intravenously administered meptazinol during general anaesthesia in man. Eur J Anaesth 4:35–43
256. Ghignone M, Quintin L, Duke PC, Kehler CH, Calvillo O (1986) Effects of clonidine on narcotic requirements and haemodynamic response during induction of fentanyl anesthesia and endotracheal intubation. Anesthesiology 64:36–42
257. Gillman MA, Lichtigfeld FJ (1985) A pharmacological overview of opioid mechanisms mediating analgesia and hyperalgesia. Neurol Res 7:106–119
258. Glass PSA (1984) Respiratory depression following only 0.4 mg of intrathecal morphine. Anesthesiology 60:256–257
259. Glenski JA, Friesen RH, Lane GA, Young S, Glascock J (1988) Low-dose sufentanil as a supplement to halothane/N_2O anaesthesia in infants and children. Can J Anaesth 35:379–384
260. Gold MS, Pottash AC, Sweeney DR, Kleber HD (1980) Opiate withdrawal using clonidine. A safe, effective, and rapid non-opiate treatment. JAMA 243:343–346

261. Goldberg LI (1964) Monoamine oxidase inhibitors. Adverse reactions and possible mechanisms. JAMA 190:456–462
262. Goldberg M, Vatashsky E, Haskel Y, Seror D, Nissan S, Hanani M (1987) The effects of meperidine on the guinea pig extrahepatic bilary tract. Anesth Analg 66:1282–1286
263. Goldmann L, Shah MV, Hebden MW (1987) Memory of cardiac anaesthesia. Psychological sequelae in cardiac patients of intra-operative suggestions and operating room conversation. Anaesthesia 42:596–603
264. Goldstein FJ, Mojaverian P, Ossipov MH, Swanson BN (1982) Elevation in analgesic effect and plasma levels of morphine by desipramine in rats. Pain 14:279–282
265. Goresky GV, Koren G, Sabourin MA, Sale JP, Strunin L (1987) The pharmacokinetics of alfentanil in children. Anesthesiology 67:654–659
266. Goromaru T, Matsuura H, Yoshimura N, Miyawaki T, Sameshima T, Miyao J, Furuta T, Baba S (1984) Identification and quantitative determination of fentanyl metabolites in patients by gas chromatography-mass spectrometry. Anesthesiology 61:73–77
267. Gourlay GK, Wilson PR, Glynn CJ (1982) Pharmacodynamics and pharmacokinetics of methadone during the perioperative period. Anesthesiology 57:458–467
268. Gourlay GK, Wilson PR, Glynn CJ (1982) Methadone produces prolonged postoperative analgesia. Br Med J 284:630–631
269. Gourlay GK, Cousins MJ (1984) Strong analgesics in severe pain. Drugs 28:79–91
270. Gourlay GK, Willis JR, Wilson PR (1984) Postoperative pain control with methadone: influence of supplementary methadone doses and blood concentration-response relationship. Anesthesiology 61:19–26
271. Gourlay GK, Cherry DA, Cousins MH (1985) Cephalad migration of morphine in CSF following lumbar epidural administration in patients with cancer pain. Pain 23:317–326
272. Gourlay GK, Cherry DA, Cousins MJ (1986) A comparative study of the efficacy and pharmacokinetics of oral methadone and morphine in the treatment of severe pain in patients with cancer. Pain 25:297–312
273. Gourlay GK, Willis RJ, Lamberty J (1986) A double-blind comparison of the efficacy of methadone and morphine in postoperative pain control. Anesthesiology 64:322–327
274. Gourlay GK, Cherry DA, Plummer JL, Armstrong PJ, Cousins MJ (1987) The influence of drug polarity on the absorption of opioid drugs into CSF and subsequent cephalad migration following lumbar epidural administration: application to morphine and pethidine. Pain 31:297–305
275. Gowan JD, Hurtig JB, Fraser RA, Torbicki E, Kitts J (1988) Naloxone infusion after prophylactic epidural morphine: effects on incidence of postoperative side effects and quality of analgesia. Can J Anaesth 35:143–148

276. Grabinski PY, Kaiko RF, Rogers AG, Houde RW (1983) Plasma levels and analgesia following deltoid and gluteal injections of methadone and morphine. J Clin Pharmacol 23:48–55
277. Gram LF, Schou J, Way WL, Heltberg J, Bodin NO (1979) d-propoxyphene kinetics after single oral and intravenous doses in man. Clin Pharmacol Ther 26:473–482
278. Gray JR, Fromme GA, Nauss LA, Wang JK, Ilstrup DM (1986) Intrathecal morphine for post-thoracotomy pain. Anesth Analg 65:873–876
279. Greeley WJ, de Bruijn NP, Davis DP (1987) Sufentanil pharmacokinetics in pediatric cardiovascular patients. Anesth Analg 66:1067–1072
280. Greeley WJ, de Bruijn NP (1988) Changes in sufentanil pharmacokinetics within the neonatal period. Anesth Analg 67:86–90
281. Green DW (1984) Buprenorphine, benzodiazepines and respiratory depression. Anaesthesia 39:287–288
282. Greenbaum RA, Kaye G, Mason PD (1987) Experience with nalbuphine, a new opioid analgesic, in acute myocardial infarction. J R Soc Med 80:418–421
283. Gritz ER, Shiffman SM, Jarvik ME, Schlesinger J, Charuvastra VC (1976) Naltrexone: physiological and psychological effects of single doses. Clin Pharmacol Ther 19:773–776
284. Groh R, Schindera A, Werringloer M (1971) Klinische Erfahrungen mit dem neuen Analgetikum Tilidin-HCl. Med Klin 66:1241–1245
285. Gross JB, Alexander CM (1988) Awakening concentrations of isoflurane are not affected by analgesic doses of morphine. Anesth Analg 67:27–30
286. Grünenthal GmbH (1978) Tramal^R (Tramadol). Arzneim Forsch 28:97–218
287. Guilleminault C, Tilkian A, Dement WC (1976) The sleep apnea syndromes. Annu Rev Med 27:465–484
288. Gundersen RY, Andersen R, Narverud G (1986) Postoperative pain relief with high-dose epidural buprenorphine: a double-blind study. Acta Anaesthesiol Scand 30:664–667
289. Gustafsson LL, Schildt B, Jacobsen K (1982) Adverse effects of extradural and intrathecal opiates: report of a nationwide survey in Sweden. Br J Anaesth 54:479–486
290. Gutner LB, Gould WJ, Batterman RC (1952) The effect of potent analgesics upon vestibular function. J Clin Invest 31:259–266
291. Haberer JP, Schoeffler P, Couderc E, Duvaldestin P (1982) Fentanyl pharmacokinetics in anaesthetized patients with cirrhosis. Br J Anaesth 54:1267–1270
292. Hackl W, Fitzal S, Lackner E, Weindlmayr-Goettel M (1986) Vergleich von Fentanyl und Tramadol zur Schmerztherapie mittels On-Demand-Analgesie-Computer in der frühen postoperativen Phase. Anaesthesist 35:665–671
293. Hall RI, Murphy MR, Szlam F, Hug CC (1987) Dezocine-MAC reduction and evidence for myocardial depression in the presence of enflurane. Anesth Analg 66:1169–1174

294. Hankemeier U, Herberhold D (1986) Erste Erfahrungen mit der peroralen Gabe von Dikaliumchlorazepat und Tilidin-Naloxon zur extrakorporalen Stoßwellenlithotripsie. Anaesthesist 35:757–759
295. Hanks GW, Twycross RG, Lloyd JW (1981) Unexpected complication of successful nerve block. Anaesthesia 36:37–39
296. Hanning CD, Vickers AP, Smith G, Graham NB, McNeil ME (1988) The morphine hydrogel suppository. A new sustained release rectal preparation. Br J Anaesth 61:221–228
297. Hargreaves J, Kay B, Healy TEJ (1985) Meptazinol as an analgesic adjunct to total intravenous anaesthesia in cystoscopy patients. Anaesthesia 40:490–493
298. Harmer M, Slattery PJ, Rosen M, Vickers MD (1983) Comparison between buprenorphine and pentazocine given i.v. on demand in the control of postoperative pain. Br J Anaesth 55:21–25
299. Harrison DM, Sinatra RS (1987) Oxymorphone for use in patient controlled analgesia – the ideal PCA drug? Anesth Analg 66:S78
300. Hartung E, Haag W, Klatte A (1983) Kurze gynäkologische Operationen und diagnostische Eingriffe am Kniegelenk in Alfentanil-Etomidat-Narkose. Anaesthesist 32:325–326
301. Hayes MJ, Fraser AR, Hampton JR (1979) Randomized trial comparing buprenorphine and diamorphine for chest pain in suspected myocardial infarction. Br Med J 2:300–302
302. He L (1987) Involvement of endogenous opioid peptides in acupuncture analgesia. Pain 31:99–121
303. Hecker BR, Lake CL, DiFazio CA, Moscicki JC, Engle JS (1983) The decrease of the minimum alveolar anesthetic concentration produced by sufentanil in rats. Anesth Analg 62:987–990
304. Heel RC, Brogden RN, Speight TM, Avery GS (1979) Buprenorphine: a review of its pharmacological properties and therapeutic efficacy. Drugs 17:81–110
305. Heintz-Bamberg D, Müller H, Dick W, Reiter G (1987) Vergleichende klinische Untersuchungen zum Verhalten hämodynamischer Parameter bei Kombinationsnarkosen mit Nalbuphin (Nubain^R) und Fentanyl. Anaesthesist 36:217–222
306. Heisterkamp DV, Cohen PJ (1974) The use of naloxone to antagonize large doses of opiates administered during nitrous oxide anesthesia. Anesth Analg 53:12–18
307. Helmers H, van Peer A, Woestenborghs R, Noorduin H, Heykants J (1984) Alfentanil kinetics in the elderly. Clin Pharmacol Ther 36:239–243
308. Henderson JJ, Parbrook GD (1976) Influence of anaesthetic techniques on postoperative pain. A comparison of anaesthetic supplementation with halothane and with phenoperidine. Br J Anaesth 48:587–592
309. Henderson SK, Matthew EB, Cohen H, Avram MJ (1987) Epidural hydromorphone: a double-blind comparison with intramuscular hydromorphone for postcesarean section analgesia. Anesthesiology 66:825–830

310. Henderson JM, Brodsky DA, Fisher DM, Brett CM, Hertzka RE (1988) Pre-induction of anesthesia in pediatric patients with nasally administered sufentanil. Anesthesiology 68:671–675
311. Hendrick P, Abou Hatem R, Nicaise C (1984) Implantable injection port for epidural opiates self-administration. Acta Anaesthesiol Belg 35 (Suppl): 279–284
312. Hengstmann JH, Stoeckel H, Schüttler J (1980) Infusion model for fentanyl based on pharmacokinetic analysis. Br J Anaesth 52:1021–1025
313. Hennies HH, Friderichs E, Schneider J (1988) Receptor binding, analgesic and antitussive potency of tramadol and other selected opioids. Arzneim Forsch 38:877–880
314. Herman RJ, McAllister CB, Branch RA, Wilkinson GR (1985) Effects of age on meperidine disposition. Clin Pharmacol Ther 37:19–24
315. Hermens JM, Ebertz JM, Hanifin JM, Hirshman CA (1985) Comparison of histamine release in human skin mast cells induced by morphine, fentanyl, and oxymorphone. Anesthesiology 62:124–129
316. Heytens L, Cammu H, Camu F (1987) Extradural analgesia during labour using alfentanil. Br J Anaesth 59:331–337
317. Hibbard BM, Rosen M, Davies D (1986) Placental transfer of naloxone. Br J Anaesth 58:45–48
318. Hoffbrand BI, Turner P (eds) (1983) Clinical experience with injectable meptazinol – a new strong analgesic. Postgrad Med J 59 (Suppl 1)
319. Hoffmann P, Schockenhoff B (1984) Der Einsatz von Alfentanil zur Anaesthesie bei kurzen Eingriffen. Anaesthesist 33:137–139
320. Hoffmeister F, Tettenborn D (1986) Calcium agonists and antagonists of the dihydropyridine type: antinociceptive effects, interference with opiate-m-receptor agonists and neuropharmacological actions in rodents. Psychopharmacology 90:299–307
321. Holmes B, Ward A (1985) Meptazinol. A review of its pharmacodynamic and pharmacokinetic properties and therapeutic efficacy. Drugs 30:285–312
322. Honig S, Zeale P, Mason A, Fitzgerald D, Millet I, Eschemendia E (1987) High-frequency transcutaneous electric nerve stimulation: lack of correlation with serum b-endorphin and failure of analgesia reversal with naloxone. Clin J Pain 2:215–217
323. Honigberg IL, Stewart JT (1980) Radioimmunoassay of hydromorphone and hydrocodone in human plasma. J Pharm Sci 69:1171–73
324. Houlton PG, Reynolds F (1981) Epidural diamorphine and fentanyl for postoperative pain. Anaesthesia 36:1144–1147
325. Hovell BC (1977) Comparison of buprenorphine, pethidine and pentazocine for the relief of pain after operation. Br J Anaesth 49:913–916
326. Hsu HO, Hickey RF, Forbes AR (1979) Morphine decreases peripheral vascular resistance and increases capacitance in man. Anesthesiology 50:98–102

327. Huber HP (1978) Psychologische Wirkungsprüfung eines neuen Analgetikums aus der Cyclohexanol-Reihe. Ein Beitrag zur Klärung des psychischen Abhängigkeitspotentials von Tramadol. Arzneim Forsch 28:189–191
328. Hudson RJ, Thomson IR, Cannon JE, Friesen RM, Meatherall RC (1986) Pharmacokinetics of fentanyl in patients undergoing abdominal aortic surgery. Anesthesiology 64:334–338
329. Hug P, Kugler J, Zimmermann W, Laub M, Doenicke A (1978) Die Wirkung von Naloxon und Levallorphan nach Fentanyl auf Blutgase, EEG und psychodiagnostische Tests. Anaesthesist 27:280–286
330. Hug CC, Murphy MR (1979) Fentanyl disposition in cerebrospinal fluid and plasma and its relationship to ventilatory depression in the dog. Anesthesiology 50:342–349
331. Hug CC, Murphy MR (1981) Tissue redistribution of fentanyl and termination of its effects in rats. Anesthesiology 55:369–375
332. Hug CC (1984) Pharmacokinetics and dynamics of narcotic analgesics. In: Prys-Roberts C, Hug CC (eds) Pharmacokinetics of anaesthesia. Blackwell, Oxford, pp 187–234
333. Hug CC, Chaffman M. Alfentanil. Pharmacology and uses in anaesthesia. Adis Press, Auckland 1984
334. Hughes SC, Rosen MA, Shnider SM, Abboud TK, Stefani SJ, Norton M (1984) Maternal and neonatal effects of epidural morphine for labor and delivery. Anesth Analg 63:319–324
335. Hunter AR (1984) Idiopathic alveolar hypoventilation in leber's disease. Unusually sensitivity to mild analgesics and diazepam. Anaesthesia 39:781–783
336. Husted S, Djurhuus JC, Jepsen J, Mortensen J (1985) Effect of postoperative extradural morphine on lower urinary tract function. Acta Anaesthesiol Scand 29:183–185
337. Hyde NH, Harrison DM (1986) Intrathecal morphine in a parturient with cystic fibrosis. Anesth Analg 65:1357–1358
338. Hynynen M, Takkunen O, Salmenperä M, Haataja H, Heinonen J (1986) Continuous infusion of fentanyl or alfentanil for coronary artery surgery. Plasma opiate concentrations, hemodynamics and postoperative course. Br J Anaesth 58:1252–1259
339. Hynynen MJ, Turunen MT, Korttila KT (1986) Effects of alfentanil and fentanyl on common bile duct pressure. Anesth Analg 65:370–372
340. Inoue K, Samodelov LF, Arndt JO (1980) Fentanyl activates a particular population of vagal efferents which are cardioinhibitory. Naunyn Schmiedebergs Arch Pharmacol 312:57–61
341. Inturrisi CE, Colburn WA, Verebey K, Dayton HE, Woody GE, O'Brien CP (1982) Propoxyphene and norpropoxyphene kinetics after single and repeated doses of propoxyphene. Clin Pharmacol Ther 31:157–167
342. Inturrisi CE, Umans JG (1983) Pethidine and its active metabolite, norpethidine. In: Bullingham RES (ed) Opiate analgesia. Saunders, London, pp 123–138

343. Iversen LL, Iversen SD, Snyder SH (eds) (1978) Handbook of psychopharmacology. Volume 12: Drugs of abuse. Plenum Press, New York London
344. Ivy AC, Goetzl FR, Burrill DY (1944) Morphine-dextroamphetamine analgesia. The analgesic effects of morphine sulfate alone and in combination with dextroamphetamine sulfate in normal human subjects. War Medicine 6:67–71
345. Jacobsen J, Flachs H, Dich-Nielsen JO, Rosen J, Larsen AB, Hvidberg EF (1988) Comparative plasma concentration profiles after i.v., i.m. and rectal administration of pethidine in children. Br J Anaesth 60:623–626
346. Jäättelä A, Nikki P, Takki S, Tammisto T (1971) Effects of dextromoramide, fentanyl and morphine on the plasma catecholamine levels. Ann Clin Res 3:107–111
347. Jaffe TB, Ramsey FM (1983) Attenuation of fentanyl-induced truncal rigidity. Anesthesiology 58:562–564
348. Jaffe JH (1985) Drug addiction and drug abuse. In: Goodman Gilman A, Goodman LS, Rall TW, Murad F (eds) The pharmacological basis of therapeutics, 7th edition. Macmillan Publishing Company, New York, pp 532–581
349. Jaffe JH, Martin WR (1985) Opioid analgesics and antagonists. In: Goodman Gilman A, Goodman LS, Rall TW, Murad F (eds) The pharmacological basis of therapeutics, 7th edition. Macmillan Publishing Company, New York, pp 491–545
350. Jaffe RS, Moldenhauer CC, Hug CC, Finlayson DC, Tobia V, Kopel ME (1988) Nalbuphine antagonism of fentanyl-induced ventilatory depression: a randomized trial. Anesthesiology 68:254–268
351. Jage J (1988) Anaesthesie und Analgesie bei Opiatabhängigen. Anaesthesist 37:470–482
352. Jage J (1989) Methadon – Pharmakokinetik und Pharmakodynamik eines Opiates. Anaesthesist 34:159–166
353. Jage J (1989) Die Methadonintoxikation – Symptome, Diagnose, Therapie. Notfallmedizin 15:128–140
354. Janssen P (1964) Zur Chemie morphinartiger Körper. Anaesthesist 11:1–7
355. Jastrebski J, Wyszynski C, Sczepanski M, Hilgier M, Wojtczak J (1984) Naloxone in the treatment of hypotension shock. Eur J Anaesth 1:157P–158P
356. Jebeles JA, Kissin I, Bradley EL (1986) Spinal and supraspinal mechanisms for morphine-pentobarbital antinociceptive interaction in relation to cardiac acceleration responses in rats. Anesth Analg 65:601–604
357. Jennett S (1968) Assessment of respiratory effects by analgesic drugs. Br J Anaesth 40:746–756
358. Jensen MP, Karoly P, Braver S (1986) The measurement of clinical pain intensity: a comparison of six methods. Pain 27:117–126
359. Jones RM, Fiddian-Green R, Knight PR (1980) Narcotic induced choledochoduodenal sphincter spasm reversed by glucagon. Anesth Analg 59:946–947
360. Jones RM, Detmer M, Hill AB, Bjoraker DC, Pandit U (1981) Incidence of choledochoduodenal sphincter spasm during fentanyl supplemented anesthesia. Anesth Analg 60:638–640

361. Jordan C (1982) Assessment of the effects of drugs on respiration. Br J Anaesth 54:763–782
362. Jorgensen M, Dryberg V, Johansen SH (1965) The effect of piritramide (R 3365) on the respiratory response to CO_2 inhalation. Acta Pharmacol Toxicol 22:152–158
363. Judkins KC, Harmer M (1982) Haloperidol as an adjunct analgesic in the management of postoperative pain. Anaesthesia 37:1118–1120
364. Julien Y, Desch G, Bonardet A, Alloua D, de Rodez M, Descomps B, du Cailar J (1982) Pertubation fonctionelle prolongée de la sécretion de prolactine après chirurgie sous neuroleptanalgésie. Can Anaesth Soc J 29:468–472
365. Jurna I (1984) Pain-depressing agents and the spinal nociceptive system. Arzneim Forsch 34:1084–1088
366. Jurna I (1987) Buprenorphin (Temgesic^R). Pharmakologie und klinische Anwendung. Der Schmerz 1:45–51
367. Jyu C, Lamb JD (1985) Respiratory depression following epidural morphine. Can Anaesth Soc J 32:99–100
368. Kaiko RF, Wallenstein SL, Rogers AG, Grabinski PY, Houde RW (1981) Analgesia and mood effects of heroin and morphine in cancer patients with postoperative pain. N Engl J Med 304:1501–1505
369. Kaiko RF, Wallenstein SL, Rogers AG, Canel A, Jacobs B, Houde RW (1985) Intramuscular meptazinol and morphine in postoperative pain. Clin Pharmacol Ther 37:589–596
370. Kaiser KG, Bainton CR (1987) Treatment of intrathecal morphine overdose by aspiration of cerebrospinal fluid. Anesth Analg 66:475–477
371. Kalia PK, Madan R, Saksena R, Batra RK, Gode GR (1983) Epidural pentazocine for postoperative pain relief. Anesth Analg 62:949–950
372. Kallos T, Caruso FS (1979) Respiratory effects of butorphanol and pethidine. Anaesthesia 34:633–637
373. Karasek J (1985) Narcotics and the sphincter of Oddi. Anesth Analg 64:379–381
374. Karliczek GF, Brenken U, Agnew M (1980) Narkoseeinleitung mit Etomidate und Piritramid bei Patienten mit Koronarsklerose oder Klappenfehlern. Anaesthesist 29:1–11
375. Karsch KR, Wiegand V, Blanke H, Kreuzer H (1979) Wirkung eines neuen Analgetikums (Tramadol) auf die Hämodynamik bei Patienten mit koronarer Herzkrankheit. Z Kardiol 68:599–603
376. Katz RI, Ride TR, Hartman A, Poppers PJ (1988) Two instances of seizure-like activity in the same patient associated with two different narcotics. Anesth Analg 67:289–290
377. Kay B (1981) Postoperative pain relief. Use of an on-demand analgesia computer (ODAC) and a comparison of the rate of use of fentanyl and alfentanyl. Anaesthesia 36:949–951
378. Kay NH (1983) Butorphanol tartrate. In: Bullingham RES (ed) Opiate analgesia. Saunders, London, pp 153–155

379. Kay NH, Allen MC, Bullingham RES, Baldwin D, McQuay HJ, Moore RA, Price PK, Sear JW (1985) Influence of meptazinol on metabolic and hormonal responses following major surgery. A comparison with morphine. Anaesthesia 40:223–228
380. Kay B, Healy TEJ, Bolder PM (1985) Blocking the circulatory responses to tracheal intubation. A comparison of fentanyl and nalbuphine. Anaesthesia 40:960–963
381. Kay B (1986) Ein kontrollierter Doppelblindversuch über die Einsatzmöglichkeiten von Nalbuphin in der Anaesthesie bei größeren operativen Eingriffen im oberen Abdomen. Anaesthesist 35:613–615
382. Kay B (1986) Reduktion der Kreislaufreaktion auf Trachealintubation – die Wirkung von Meptazinol. Anaesthesist 36:500–503
383. Kay B, Krishnan A (1986) On-demand nalbuphine for post-operative pain relief. Acta Anaesthesiol Belg 37:33–37
384. Keamy MF, Cadieux RJ, Kofke WA, Kales A (1987) The occurence of obstructive sleep apnea in a recovery room patient. Anesthesiology 66:232–234
385. Keats AS, Telford J, Kurosu Y (1961) „Potentiation" of meperidine by promethazine. Anesthesiology 22:34–41
386. Kent AP, Dodson ME, Bower S (1988) The pharmacokinetics and clinical effects of a low dose of alfentanil in elderly patients. Acta Anaesthesiol Belg 39:25–33
387. Keup W (1983) Clonidin – seine Möglichkeiten in der Pharmakotherapie der Heroinabhängigkeit. Dtsch Ärzteblatt 80:25–32
388. Keup W (1984) Zentral wirksame Analgetika: Mißbrauch als Drogen-Ersatzmittel. Dtsch Ärzteblatt 81:2561–2566
389. Kiss I, Müller H, Abel M (1987) The McGill Pain Questionnaire – German version. A study of cancer pain. Pain 29:195–207
390. Kissin I, Jebeles JA (1984) Pentobarbital antagonizes the effect of morphine on cardiac acceleration response to noxious stimulation. Anesth Analg 63:669–672
391. Kissin I, Mason JO, Bradley EL (1986) Morphine and fentanyl interactions with thiopental in relation to movement response to noxious stimulation. Anesth Analg 65:1149–1154
392. Kissin I, Mason JO, Bradley EL (1987) Morphine and fentanyl hypnotic interactions with thiopental. Anesthesiology 67:331–335
393. Kissin I, Mason JO, Vinik HR, McDanal J, Bradley EL (1987) Barbiturates inhibit stress-induced analgesia. Can J Anaesth 34:146–151
394. Kitahata LM, Collins JG, Robinson CJ (1982) Narcotic effects on the nervous system. In: Kitahata LM, Collins JG (eds) Narcotic analgesics in anesthesiology. Williams & Wilkins, Baltimore London, pp 57–89
395. Kläy K, Gassmann AE (1978) Vergleichende Doppelblind-Studie über analgetische Wirksamkeit, Verträglichkeit und respiratorische Nebenwirkungen von Tilidin und Pentazocin in der postoperativen Phase. Schweiz Rundschau Med (PRAXIS) 67:398–406

396. Klepper ID, Rosen M, Vickers MD, Mapleson WW (1986) Respiratory function following nalbuphine and morphine in anaesthetized man. Br J Anaesth 58:625–629
397. de Klerk G, Mattie H, Spierdijk J (1981) Comparative study on the circulatory and respiratory effects of buprenorphine and methadone. Acta Anaesthesiol Belg 32:131–139
398. Klose R, Ehrhart A, Jung R (1982) Der Einfluß von Buprenorphin und Tramadol auf die CO_2-Antwort in der unmittelbaren postoperativen Phase nach Allgemeinanästhesie. Anaesth Intensivther Notfallmed 17:29–34
399. Klotz U, McHorse TS, Wilkinson GR, Schenker S (1974) The effect of cirrhosis on the disposition and elimination of meperidine in man. Clin Pharmacol Ther 16:667–675
400. Knape JTA (1986) Early respiratory depression resistant to naloxone following epidural buprenorphine. Anesthesiology 64:382–384
401. Knill RL, Clement JL, Thompson WR (1981) Epidural morphine causes delayed and prolonged ventilatory depression. Can Anaesth Soc J 28:537–543
402. Knoche E, Dick W, Rummel C, Konietzke D (1988) Untersuchungen zur Qualität von Buprenorphin bzw. Morphin als Komponenten einer Kombinationsnarkose. Anaesthesist 37:57–64
403. Kochs E, Schulte am Esch J (1984) Hormone des Hypophysen-Nebennierenrindensystems bei Patienten unter Langzeitsedierung mit Etomidat und Fentanyl. Anaesthesist 33:402–407
404. Koehntop DE, Rodman HJ, Brundage DM, Hegland MG, Buckley JJ (1986) Pharmacokinetics of fentanyl in neonates. Anesth Analg 65:227–232
405. Korduba CA, Veals J, Radwanski E, Symchowicz S, Chung M (1981) Bioavailability of orally administered propiram fumarate in humans. J Pharm Sci 70:521–523
406. Koren G, Goresky G, Crean P, Klein J, MacLeod SM (1984) Pediatric fentanyl dosing based upon pharmacokinetics during cardiac surgery. Anesth Analg 63:577–582
407. Korinek AM, Languille M, Bonnet F, Thibonnier M, Sasano P, Lienhart A, Viars P (1985) Effect of postoperative extradural morphine on ADH secretion. Br J Anaesth 57:407–411
408. Korttila K, Pentti OM, Auvinen J (1980) Comparison of i.m. lysine acetylate and oxycodone in the treatment of pain after operation. Br J Anaesth 52:613–617
409. Korttila K, Hovorka J (1987) Buprenorphine as premedication and as analgesic during and after light isoflurane-N_2O-O_2 anaesthesia. A comparison with oxycodone plus fentanyl. Acta Anaesthesiol Scand 31:673–679
410. Koska AJ, Kramer WG, Romagnoli A, Keats AS, Sabawala PB (1981) Pharmacokinetics of high-dose meperidine in surgical patients. Anesth Analg 60:8–11
411. Koßmann B, Hecht M, Bowdler I, Kilian J, Möller MR (1985) Therapie von Karzinomschmerzen. Vergleich einer wäßrigen Morphinlösung mit MST-Tabletten. Schmerz-Pain-Douleur 6:143–151

412. Kotrly KJ, Ebert TJ, Vucins EJ, Roerig DL, Stadnicka A, Kampine JP (1986) Effects of fentanyl-diazepam-nitrous oxide anaesthesia on arterial baroreflex control of heart rate in man. Br J Anaesth 58:406–414
413. Krames ES, Wilkie DJ, Gershow J (1986) Intrathecal D-Ala2-D-Leu5-enkephalin (DADL) restores analgesia in a patient analgetically tolerant to intrathecal morphine sulfate. Pain 24:205–209
414. Krane EJ, Jacobson LE, Lynn AM, Parrot C, Tyler DC (1987) Caudal morphine for postoperative analgesia in children: a comparison with caudal bupivacaine and intravenous morphine. Anesth Analg 66:647–653
415. Krane EJ (1988) Delayed respiratory depression in a child after caudal epidural morphine. Anesth Analg 67:79–82
416. Krantz T, Christensen CB (1987) Respiratory depression after intrathecal opioids. Report of a patient receiving longterm epidural opioid therapy. Anaesthesia 42:168–170
417. Krell R, Hanke M (1979) Klinische Prüfung der analgetischen Wirksamkeit von Valoron^R N im Vergleich zu Valoron^R bei Tumorschmerzen. Krankenhausarzt 52:760–764
418. Krimmer H, Pfeiffer H, Arbogast R, Sprotte G (1986) Die kombinierte Infusionsanalgesie – Ein alternatives Konzept zur postoperativen Schmerztherapie. Chirurg 57:327–329
419. Kripke BJ, Finck AJ, Shai NK, Snow JC (1976) Naloxone antagonism after narcotic-supplemented anesthesia. Anesth Analg 55:800–805
420. Kubicki S, Neuhaus GA (Hrsg) (1981) Pentazocin im Spiegel der Erfahrungen. Springer, Berlin Heidelberg New York
421. Kuhar MJ, Pasternak GW (eds) (1984) Analgesics: neurochemical, behavioural, and clinical perspectives. Raven Press, New York
422. Kuhnert BR, Linn PL, Kennard MJ, Kuhnert PM (1985) Effects of low doses of meperidine on neonatal behavior. Anesth Analg 64:335–342
423. Kuschinski K. Opiate dependence. Progress in Pharmacology Vol. 1/2. G. Fischer, Stuttgart, New York 1977
424. Kutter E, Herz A, Teschemacher HJ, Hess R (1970) Structure-activity correlations of morphine-like analgesics based on efficiencies following intravenous and intraventricular application. J Med Chem 13:801–805
425. Laffey DA, Kay NH (1984) Premedication with butorphanol. A comparison with morphine. Br J Anaesth 56:363–367
426. Lake CL, Duckworth EN, DiFazio CA, Magruder MR (1984) Cardiorespiratory effects of nalbuphine and morphine premedication in adult cardiac surgical patients. Acta Anaesthesiol Scand 28:305–309
427. Lake CL, DiFazio CA, Moscicki JC, Engle JS (1985) Reduction of halothane MAC: comparison of morphine and alfentanil. Anesth Analg 64:807–810
428. Lamarche Y, Martin R, Reiher J, Blaise G (1986) The sleep apnoea syndrome and epidural morphine. Can Anaesth Soc J 33:231–233
429. Landow L (1985) An apparent seizure following inadvertent intrathecal morphine. Anesthesiology 63:545–546

430. Lang DW, Pilon RN (1980) Naloxone reversal of morphine-induced biliary colic. Anesth Analg 59:619–620
431. Lanz E, Simon G, Theiss D, Glocke MH (1984) Epidural buprenorphine – a double blind study of postoperative analgesia and side effects. Anesth Analg 63:593–598
432. Larsen R, Sonntag H, Schenk HD, Radke J, Hilfiker O (1980) Die Wirkungen von Sufentanil und Fentanyl auf Hämodynamik, Coronardurchblutung und myocardialen Metabolismus des Menschen. Anaesthesist 29:277–279
433. Larson CP, Mazze RI, Cooperman LH, Wollman H (1974) Effects of anesthetics on cerebral, renal, and splanchnic circulations: recent developments. Anesthesiology 41:169–181
434. Latasch L, Probst S, Dudziak R (1984) Reversal by nalbuphine of respiratory depression caused by fentanyl. Anesth Analg 63:814–816
435. Latasch L, Christ R (1986) Opiatrezeptoren. Anaesthesist 35:55–65
436. Latasch L, Christ R (1988) Probleme der Anaesthesie bei Drogenabhängigen. Anaesthesist 37:123–139
437. Laubie M, Schmitt H, Canellas J, Roquebert J, Demichel P (1974) Centrally mediated bradycardia and hypotension induced by narcotic analgesics: dextromoramide and fentanyl. Eur J Pharmacol 28:66–75
438. Leander JD, McCleary PE (1982) Opioid and nonopioid behavioral effects of methadone isomers. J Pharmacol Exp Ther 220:592–596
439. Lednicer D. Medicinal chemistry of central analgesics (1982) In: Lednicer D (ed) Central Analgesics. J. Wiley & Sons, New York Chichester Brisbane Toronto Singapore, pp 137–213
440. Lee G, DeMaria A, Amsterdam EA, Realyvasquez E, Angel J, Morrison S, Mason DT (1976) Comparative effects of morphine, meperidine and pentazocine on cardiocirculatory dynamics in patients with acute myocardial infarction. Am J Med 60:949–955
441. Lee G, Low RI, Amsterdam EA, DeMaria AN, Huber PW, Mason DT (1981) Hemodynamic effects of morphine and nalbuphine in acute myocardial infarction. Clin Pharmacol Ther 29:576–581
442. Lee KK, Hanowell S, Kim YD, Macnamara TE (1981) Morphine-induced respiratory depression following bilateral carotid endarterectomy. Anesth Analg 60:64–65
443. Lehmann KA, Möseler G, Daub D (1981) Biotransformation von Fentanyl. I. In-vitro Abbau durch Gewebe der Maus. Anaesthesist 30:461–466
444. Lehmann KA, Freier J, Daub D (1982) Fentanyl-Pharmakokinetik und postoperative Atemdepression. Anaesthesist 31:111–118
445. Lehmann KA, Weski C, Hunger L, Heinrich C, Daub D (1982) Biotransformation von Fentanyl. II. Akute Arzneimittelinteraktionen – Untersuchungen bei Ratte und Mensch. Anaesthesist 31:221–227
446. Lehmann KA, Hunger L, Brandt K, Daub D (1983) Biotransformation von Fentanyl. III. Einflüsse chronischer Arzneimittelexposition auf Verteilung, Metabolismus und Ausscheidung bei der Ratte. Anaesthesist 32:165–173

447. Lehmann KA, Neubauer ML, Daub D, Kalff G (1983) CO_2-Antwortkurven als Maß für eine opiatbedingte Atemdepression. Untersuchungen mit Fentanyl. Anaesthesist 32:242–258
448. Lehmann KA. Fentanyl: Kinetik und Dynamik. Perimed-Verlag, Erlangen 1984
449. Lehmann KA (1984) On Demand Analgesie: Neue Möglichkeiten zur Behandlung akuter Schmerzen. Arzneim Forsch 34:1108–1114
450. Lehmann KA (1985) The pharmacokinetics of opioid analgesics. Discussion. In: Harmer M, Rosen M, Vickers MD (eds) Patient-controlled analgesia. Blackwell Scientific Publications, Oxford, pp 18–29
451. Lehmann KA, Horrichs G, Hoeckle W (1985) Zur Bedeutung von Tramadol als intraoperativem Analgetikum. Eine randomisierte Doppelblindstudie im Vergleich zu Placebo. Anaesthesist 34:11–19
452. Lehmann KA, Jung C, Hoeckle W (1985) Tramadol und Pethidin zur postoperativen Schmerztherapie: Eine randomisierte Doppelblindstudie unter den Bedingungen der intravenösen On-Demand Analgesie. Schmerz-Pain-Douleur 6: 88–100
453. Lehmann KA, Tenbuhs B, Hoeckle W (1985) Postoperative On-Demand Analgesie mit Pentazocin (Fortral). Langenbecks Arch Chir 367:27–40
454. Lehmann KA, Brand-Stavroulaki A, Dworzak H (1986) The influence of demand- and loading dose on the efficacy of postoperative patient-controlled analgesia with tramadol. A randomized double-blind study. Schmerz-Pain-Douleur 7:146–152
455. Lehmann KA, Tenbuhs B (1986) Patient-controlled analgesia with nalbuphine, a new narcotic agonist-antagonist for the treatment of postoperative pain. Eur J Clin Pharmacol 31:267–276
456. Lehmann KA, Tenbuhs B, Hoeckle W (1986) Patient-controlled analgesia with piritramid for the treatment of postoperative pain. Acta Anaesthesiol Belg 37:247–257
457. Lehmann KA, Henn C (1987) Zur Lage der postoperativen Schmerztherapie in der Bundesrepublik Deutschland. Ergebnisse einer Repräsentativumfrage. Anaesthesist 36:400–406
458. Lehmann KA (1988) Analgosedierung mit Opioiden. Anaesthesiologie und Intensivmedizin 200:14–34
459. Lehmann KA (1988) Postoperative Schmerztherapie. Aktuelles Wissen für Anästhesisten 14. Refresher-Course der Deutschen Akademie für Anästhesiologische Fortbildung. Stemmler, Kerpen, S 27–69
460. Lehmann KA, Gördes B (1988) Postoperative On-Demand Analgesie mit Buprenorphin. Anaesthesist 37:65–70
461. Lehmann KA, Heinrich C, van Heiss R (1988) Balanced anesthesia and patient-controlled postoperative analgesia with fentanyl: minimum effective concentrations, accumulation and acute tolerance. Acta Anaesthesiol Belg 39:11–23
462. Lehmann KA, Reichling U, Wirtz R (1988) Influence of naloxone on the postoperative analgesic and respiratory effects of buprenorphine. Eur J Clin Pharmacol 34:343–352

463. Lehmann KA (1989) Postoperative Schmerztherapie beim alten Patienten. In: Lauven PM, Stoeckel H (Hrsg) Anästhesie und der geriatrische Patient. G. Thieme, Stuttgart, S 176–192
464. Lehmann KA, Kriegel R, Ueki M (1989): Zur klinischen Bedeutung von Arzneimittelinteraktionen zwischen Opiaten und Calciumantagonisten. Eine randomisierte Doppelblindstudie mit Fentanyl und Nimodipin im Rahmen der postoperativen intravenösen On-Demand Analgesie. Anaesthesist 38:110–115
465. Lehmann KA, Schlüsener M, Arabatzis P (1989) Failure of proglumide, a cholecystokinin antagonist, to potentiate clinical morphine analgesia. A randomized double-blind postoperative study using patient controlled analgesia. Anesth Analg 68:51–56
466. Lehmann KA, Abu-Shibika M, Horrichs-Haermeyer G (1990) Postoperative Schmerztherapie mit l-Methadon und Metamizol. Eine randomisierte Untersuchung im Rahmen der intravenösen On-Demand Analgesie. Anaesth Intensivther Notfallmed 25: 152–159
467. Lehtinen AM (1981) Opiate action on adenohypophyseal hormone secretion during anesthesia and gynecologic surgery in different phases of the menstrual cycle. Acta Anaesthesiol Scand 25 (Suppl):2–54
468. Lenzhofer R, Moser K (1984) Analgetische Wirkung von Tramadol bei Patienten mit malignen Erkrankungen. Wiener Med Wochenschr 134:199–202
469. Levine JD, Gordon NC, Smith R, McBryde R (1986) Desipramine enhances opiate postoperative analgesia. Pain 27:45–49
470. Levy JH, Rockoff MA (1982) Anaphylaxis to meperidine. Anesth Analg 61:301–303
471. Leysen J, Tollenaere JP, Koch MHJ, Laduron P (1977) Differentiation of opiate and neuroleptic receptor binding in rat brain. Eur J Clin Pharmacol 43:253–267
472. Lintz W, Erlacin S, Frankus E, Uragg H (1981) Metabolismus von Tramadol bei Mensch und Tier. Arzneim Forsch 31:1932–1943
473. Lintz W, Uragg H (1985) Quantitative determination of tramadol in human serum by gas chromatography-mass spectrometry. J Chromatogr 341:65–79
474. Lintz W, Barth H, Osterloh G, Schmidt-Böthelt E (1986) Bioavailability of enteral tramadol formulations. 1st communication: capsules. Arzneim Forsch 36:1278–83
475. Lipp M, Daubländer M, Lanz E (1987) Buprenorphin 0.15 mg intrathecal zur postoperativen Analgesie. Eine klinische Doppelblindstudie. Anaesthesist 36:233–238
476. Lisander B, Stenqvist O (1981) Extradural fentanyl and postoperative ileus in cats. Br J Anaesth 53:1237–1238
477. Lo SL, Coleman RR (1986) Exceptionally high narcotic analgesic requirements in a terminally ill cancer patient. Clin Pharmacy 5:828–832
478. Lobato RD, Madrid JL, Fatela LV, Sarabia R, Rivas JJ, Gozalo A (1987) Intraventricular morphine for intractable cancer pain: rationale, methods, clinical results. Acta Anaesthesiol Scand 31 (Suppl 85):68–74

479. Locniskar A, Greenblatt DJ, Zinny MA (1986) Pharmacokinetics of dezocine, a new analgesic: effect of dose and route of administration. Eur J Clin Pharmacol 30:121–123
480. Logas WG, El-Baz N, El-Ganzouri A, Cullen M, Staren E, Faber LP, Ivankovich AD (1987) Continuous thoracic epidural analgesia for postoperative pain relief following thoracotomy. Anesthesiology 67:787–791
481. London SW (1987) Respiratory depression after single epidural injection of local anaesthetic and morphine. Anesth Analg 66:797–770
482. Longnecker DE, Grazis PA, Eggers GWN (1973) Naloxone for antagonism of morphine-induced respiratory depression. Anesth Analg 52:447–453
483. Longnecker DE (1981) Narcotics and narcotic antagonists. In: Ty Smith N, Miller RD, Corbascio AN (eds) Drug interactions in anesthesia. Lea & Febinger, Philadelphia, pp 221–229
484. Loughnan BA, Short SM, Sebel PS (1986) Alfentanil infusion for abdominal surgery. Acta Anaesthesiol Belg 37:205–211
485. Lowenstein E, Hollowell P, Levine FH, Daggett WM, Austen WG, Laver MB (1969) Cardiovascular responses to large doses of intravenous morphine in man. N Engl J Med 281:1389–1393
486. Lowenstein E, Whiting RB, Bittard DA, Sanders CA, Powell WJ (1972) Locally and neurally mediated effects of morphine on skeletal muscle vasculature resistance. J Pharmacol Exp Ther 180:359–367
487. Lundeberg T (1985) Naloxone does not reverse the pain-reducing effect of vibratory stimulation. Acta Anaesthesiol Scand 29:212–216
488. Lutze M, Kaden B, Weigel K, Brock M (1987) Intraventrikuläre Opiatapplikation mit implantierten Medikamentenpumpen. Dtsch Ärzteblatt 84:1762–1768
489. Lynn AM, Slattery JT (1987) Morphine pharmacokinetics in early infancy. Anesthesiology 66:136–139
490. Macrae DJ, Munishankrappa S, Burrow LM, Milne MK, Grant IS (1987) Double-blind comparison of the efficacy of extradural diamorphine, extradural phenoperidine and i.m. diamorphine following cesarean section. Br J Anaesth 59:354–359
491. Malins AF, Goodman NW, Cooper GM, Prys-Roberts C, Baird RN (1984) Ventilatory effects of pre-and postoperative diamorphine. A comparison of extradural with intramuscular administration. Anaesthesia 39:118–125
492. Malischewski CM, Sybrecht GW, Fabel H (1980) Einfluß von starken Analgetika auf den Mundokklusionsdruck und die ventilatorische CO_2-Antwort. Anaesth Intensivther Notfallmed 15:470–478
493. Mark JB, Greenberg LM (1983) Intraoperative awareness and hypertensive crisis during high-dose fentanyl-diazepamoxygen anesthesia. Anesth Analg 62:698–700
494. Martin WR (1967) Opioid antagonists. Pharmacol Rev 19:463–521
495. Martin WR, Jasinski DR, Mansky PA (1973) Naltrexone, an antagonist for the treatment of heroin dependence. Arch Gen Psychiatry 28:784–791

496. Martin WR (1979) History and development of mixed opioid agonists, partial agonists and antagonists. Br J Clin Pharmacol 7:273S–279S
497. Martin WR (1983) Pharmacology of opioids. Pharmacol Rev 35:283–323
498. Martin R, Tetrault JP, Tetrault L, Lamarche Y, Veilleux LJ (1983) Epidural morphine in obstetrical analgesia: effect of epinephrine addition. Can Anaesth Soc J 30:72
499. Masson AHB (1967) The role of analgesic drugs in the treatment of postoperative pain. Br J Anaesth 39:713–720
500. Masson AHB (1981) Sublingual buprenorphine versus oral dihydrocodeine in postoperative pain. J Int Med Res 9:506–511
501. Mather LE, Tucker GT, Pflug AE, Lindop MJ, Wilkerson C (1975) Meperidine kinetics in man. Intravenous injection in surgical patients and volunteers. Clin Pharmacol Ther 17:21–30
502. Mather LE, Tucker GT (1976) Systemic availability of orally administered meperidine. Clin Pharmacol Ther 20:535–540
503. Mather LE (1983) Clinical pharmacokinetics of fentanyl and its newer derivatives. Clin Pharmacokinet 8:422–446
504. Mather LE (1983) Pharmacokinetic and pharmacodynamic factors influencing the choice, dose and route of administration of opiates for acute pain. In: Bullingham RES (ed) Opiate analgesia. Saunders, London, pp 17–40
505. Maunuksela EL, Korpela R, Olkkola KT (1988) Double-blind, multiple dose comparison of buprenorphine and morphine in postoperative pain of children. Br J Anaesth 60:48–55
506. McCammon RL, Viegas OJ, Stoelting RK, Dryden GE (1978) Naloxone reversal of choledochoduodenal sphincter spasm associated with narcotic administration. Anesthesiology 48:437
507. McCammon RL, Stoelting RK, Madura JA (1984) Effects of butorphanol, nalbuphine, and fentanyl on intrabilary tract dynamics. Anesth Analg 63:139–142
508. McDermott R, Stanley TH (1974) The cardiovascular effects of low concentrations of nitrous oxide during anesthesia. Anesthesiology 41:89–91
509. McDonald CF, Thomson SA, Scott NC, Scott W, Grant IWB, Crompton GK (1986) Benzodiazepine-opiate antagonism – a problem in intensive-care therapy. Intensive Care Med 12:39–42
510. McNicholas LF, Martin WR (1984) New and experimental therapeutic roles for naloxone and related opioid antagonists. Drugs 27:81–93
511. McQuay HJ, Moore RA, Paterson GMC, Adams AP (1979) Plasma fentanyl concentrations and clinical observations during and after operation. Br J Anaesth 51:543–550
512. McQuay HJ, Bullingham RES, Moore RA, Carroll D, Evans PJD, O'Sullivan G, Collin J, Lloyd JW (1985) Zomepirac, dihydrocodeine and placebo compared in postoperative pain after day-case surgery. The relationship between the effects of single and multiple doses. Br J Anaesth 57:412–419

513. Meistelman C, Saint-Maurice C, Lepaul M, Levron JC, Loose JP, Mac Gee K (1987) A comparison of alfentanil pharmacokinetics in children and adults. Anesthesiology 66:13–16
514. Meuldermans WEG, Hurkmans RMA, Heykants JJP (1982) Plasma protein binding and distribution of fentanyl, sufentanil, alfentanil and lofentanil in blood. Arch Int Pharmacodyn Ther 257:4–19
515. Melzack R (1975) The McGill pain questionnaire: major properties and scoring methods. Pain 1:277–299
516. Melzack R (ed) (1985) Pain measurement and assessment. Raven Press, New York
517. Melzack R (1987) The short-form McGill pain questionnaire. Pain 30:191–197
518. Merriman HM (1981) The techniques used to sedate ventilated patients. A survey of methods used in 34 ICUs in Great Britain. Intensive Care Med 7:217–224
519. Michael-Titus A, Costentin J (1987) Analgesic effects of metapramine and evidence against involvement of endogenous enkephalins in the analgesia by tricyclic antidepressants. Pain 31:391–400
520. Michaelis LL, Hickey PR, Clark TA, Dixon WM (1974) Ventricular irritability associated with the use of naloxone. Ann Thorac Surg 18:608–614
521. Michiels M, Hendriks R, Heykants J (1983) Radioimmunoassay of the new opiate analgesics alfentanil and sufentanil. Preliminary pharmacokinetic profile in man. J Pharm Pharmacol 35:86–93
522. Millan MJ (1986) Multiple opioid systems and pain. Pain 27:303–347
523. Miller R, Tausk HC, Stark DCC (1975) Effects of Innovar, fentanyl and droperidol on the cerebrospinal fluid pressure in neurosurgical patients. Can Anaesth Soc J 22:502–508
524. Miller RR (1977) Propoxyphene: a review. Am J Hosp Pharm 34:413–423
525. Miller RR (1980) Evaluation of nalbuphine hydrochloride. Am J Hosp Pharm 37:942–949
526. Miller-Jones CMH, Williams JH (1980) Sedation for ventilation. A retrospective study of fifty patients. Anaesthesia 35:1104–1107
527. Mills CA, Flacke JW, Miller JD, Davis LJ, Bloor BC, Flacke WE (1988) Cardiovascular effects of fentanyl revrsal by naloxone at varying arterial carbon dioxide tensions in dogs. Anesth Analg 67:730–736
528. Milne L, Williams NE, Calvey TN, Murray GR, Chan K (1980) Plasma concentration and metabolism of phenoperidine in man. Br J Anaesth 52:537–540
529. Misfeld BB, Jörgensen PB, Spotoft H, Ronde F (1976) The effects of droperidol and fentanyl on intracranial pressure and cerebral perfusion pressure in neurosurgical patients. Br J Anaesth 48:963–968
530. Mock DL, Streisand JB, Hague B, Dzelzkalns RR, Bailey PL, Pace NL, Stanley TH (1986) Transmucosal narcotic delivery: an evaluation of fentanyl (lollipop) premedication in man. Anesth Analg 65:S102
531. Moffitt EA, Scovil JE, Barker RA, Imri DD, Glenn JJ, Cousins CL, Sullivan JA (1984) The effects of nitrous oxide on myocardial metabolism and hemodyna-

mics during fentanyl or enflurane anesthesia in patients with coronary disease. Anesth Analg 63:1071–1075
532. Molbegott LP, Flashburg MH, Karasic HL, Karlin BL (1987) Probable seizures after sufentanil. Anesth Analg 66:91–93
533. Moldenhauer CC, Roach GW, Finlayson DC, Hug CC, Kopel ME, Tobia V, Kelly S (1985) Nalbuphine antagonism of ventilatory depression following high-dose fentanyl anesthesia. Anesthesiology 62:647–650
534. Molke Jensen F, Jensen NH, Holk IK, Ravnborg M (1987) Prolonged and biphasic respiratory depression following epidural buprenorphine. Anaesthesia 42:470–475
535. Moore RA, Bullingham RES, McQuay HJ, Hand CW, Aspel JB, Allen MC, Thomas D (1982) Dural permeability to narcotics: in vitro determination and application to extradural administration. Br J Anaesth 54:1117–1128
536. Morgan D, Moore G, Thomas J, Triggs E (1978) Disposition of meperidine in pregnancy. Clin Pharmacol Ther 23:288–295
537. Morrison JD, Loan WB, Dundee JW (1971) Controlled comparison of the efficacy of fourteen preparations in the relief of postoperative pain. Br Med J 3:287–290
538. Morrison CE, Dutton D, Howie H, Gilmour H (1987) Pethidine compared with meptazinol during labour. A prospective randomized double-blind study with 1100 patients. Anaesthesia 42:7–14
539. Motsch J, Bleser W, Ismaily AJ (1987) Bedeutung der intrathekalen Opiat-Analgesie in der Therapie terminaler Karzinomschmerzen. Anästh Intensivmed 28:283–287
540. Mueller RA, Lundberg DBA, Breese GR, Hedner J, Hedner T, Jonason J (1982) The neuropharmacology of respiratory control. Pharmacol Rev 34:255–285
541. Müller H, Stoyanov M, Brähler A, Hempelmann G (1982) Hämodynamische und respiratorische Effekte von Tramadol bei Lachgas-Sauerstoff-Beatmung und in der postoperativen Phase. Anaesthesist 31:604–610
542. Müller B, Wilsmann K (1984) Cardiac and haemodynamic effects of the centrally acting analgesics tramadol and pentazocine in anaesthetized rabbits and isolated guinea-pig atria and papillary muscles. Arzneim Forsch 34:430–433
543. Müller H, Gips H, Krumholz W, Zierski J, Lüben U, Hempelmann G (1986) Pharmakokinetik der kontinuierlichen periduralen Morphininfusion. Anaesthesist 35:672–678
544. Murkin JM, Moldenhauer CC, Hug CC, Epstein CM (1984) Absence of seizures during induction of anesthesia with high-dose fentanyl. Anesth Analg 63:489–494
545. Murphy MR, Olson WA, Hug CC (1979) Pharmacokinetics of ^{3}H-fentanyl in the dog anesthetized with enflurane. Anesthesiology 50:13–19
546. Murphy P, Salmon J, Roseman DI (1980) Narcotic anesthetic drugs. Their effect on bilary dynamics. Arch Surg 115:710–711
547. Murphy MR, Hug CC (1981) Pharmacokinetics of intravenous morphine in patients anesthetized with enflurane-nitrous oxide. Anesthesiology 54:187–192

548. Murphy MR, Hug CC (1982) The anesthetic potency of fentanyl in terms of its reduction of enflurane MAC. Anesthesiology 57:485–488
549. Nation RL (1981) Meperidine binding in maternal and fetal plasma. Clin Pharmacol Ther 29:472–479
550. Neal MJ (1965) The hyperalgesic action of barbiturates in mice. Br J Pharmacol 24:170–177
551. Neal EA, Meffin PJ, Gregory PB, Blaschke TF (1979) Enhanced bioavailability and decreased clearance of analgesics in patients with cirrhosis. Gastroenterology 77:96–102
552. Neumann PB, Henriksen H, Grosman N, Christensen CB (1982) Plasma morphine concentrations during chronic oral administration in patients with cancer pain. Pain 13:247–252
553. Ngai SH, Berkowitz BA, Yang JC, Hempstead J, Spector S (1976) Pharmacokinetics of naloxone in rats and man. Basis for its potency and short duration of action. Anesthesiology 44:398–401
554. Nicholas ADG, Robson PH (1982) Double-blind comparison of meptazinol and pethidine in labour. Br J Obstet Gynaecol 89:318–322
555. Nimmo WS, Todd JG (1985) Fentanyl by constant rate i.v. infusion for postoperative analgesia. Br J Anaesth 57:250–254
556. Nimmo WS, Todd JG, Vogel J (1986) Effect of meptazinol on drug absorption and gastric emptying. Eur J Anaesth 3:295–298
557. Nishitateno K, Ngai SH, Finck AD, Berkowitz BA (1979) Pharmacokinetics of morphine: concentrations in the serum and brain of the dog during hyperventilation. Anesthesiology 50:520–523
558. Niv D, Rudick V, Golan A, Chayen MS (1986) Augmentation of bupivacaine analgesia in labor by epidural morphine. Obstet Gynecol 67:206–209
559. Nordberg G (1984) Pharmacokinetic aspects of spinal morphine analgesia. Acta Anaesthesiol Scand 28 (Suppl 79):1–39
560. Nordberg G, Mellstand T, Borg L, Hedner T (1986) Extradural morphine: influence of adrenaline admixture. Br J Anaesth 58:598–604
561. Nurchi G (1984) Use of intraventricular and intrathecal morphine in intractable pain associated with cancer. Neurosurgery 15:801–803
562. Obbens EAMT, Hill CS, Leavens ME, Ruthenbeck SS, Otis F (1987) Intraventricular morphine administration for control of chronic cancer pain. Pain 28:61–68
563. Okun R (1982) Analgesic effects of oral nalbuphine and codeine in patients with postoperative pain. Clin Pharmacol Ther 32:517–524
564. Orwin JM (1977) The effect of doxapram on buprenorphine respiratory depression. Acta Anaesthesiol Belg 28:93–106
565. Ossipov MH, Suarez LJ, Spaulding TC (1988) A comparison of the antinociceptive and behavioral effects of intrathecally administered opiates, alpha-2-adrenergic agonists, and local anesthetics in mice and rats. Anesth Analg 67:616–624

566. Owen JA, Sitar DS, Berger L, Brownell L, Duke PC, Mitenko PA (1983) Age-related morphine kinetics. Clin Pharmacol Ther 34:364–368
567. Oyama T, Murakawa T, Baba S, Nagao H (1987) Continuous vs. bolus epidural morphine. Acta Anaesthesiol Scand 31 (Suppl 85):77–79
568. Pandit SK, Pandit UA (1985) Double-blind placebo-controlled comparison of dezocine and morphine for postoperative pain relief. Can Anaesth Soc J 32:583–591
569. Pandit SK, Kothary SP, Pandit UA, Mathai MK (1987) Comparison of fentanyl and butorphanol for outpatient anaesthesia. Can J Anaesth 34:130–134
570. Papper S, Papper EM (1964) The effects of pre-anesthetic, anesthetic, and postoperative drugs on renal function. Clin Pharmacol Ther 5:205–215
571. Paravicini D, Zander J, Hansen J (1982) Wirkung von Tramadol auf Hämodynamik und Blutgase in der frühen postoperativen Phase. Anaesthesist 31:611–614
572. Pasqualucci V, Tantucci C, Paoletti F, Dottorini ML, Bifarini G, Belfiori R, Berioli MB, Sorbini CA (1987) Buprenorphine vs. morphine via the epidural route: a controlled comparative clinical study of respiratory effects and analgesic activity. Pain 29:273–286
573. Pasternak GW, An Zhong Zang, Tecott L (1980) Developmental differences between high and low affinity opiate binding sites: their relationship to analgesia and respiratory depression. Life Sci 27:1185–1190
574. Pasternak GW, Childers SR, Snyder SH (1980) Opiate analgesia: evidence for mediation by a subpopulation of opiate receptors. Science 208:514–516
575. Patschke D, Eberlein HJ, Hess W, Oser G, Tarnow J, Zimmermann G (1977) Hämodynamik, Koronardurchblutung und myocardialer Sauerstoffverbrauch unter hohen Morphin-, Pethidin-, Fentanyl- und Piritramiddosen. Anaesthesist 26:239–248
576. Patt RB (1988) Delayed postoperative respiratory depression associated with oxymorphone. Anesth Analg 67:403–404
577. Paulus DA, Paul WL, Munson ES (1981) Neurologic depression after intrathecal morphine. Anesthesiology 54:517–518
578. Paymaster NJ (1977) Analgesia after operation. A controlled comparison of meptazinol, pentazocine and pethidine. Br J Anaesth 49:1139–1146
579. Payne R (1987) CSF distribution of opioids in animals and man. Acta Anaesthesiol Scand 31 (Suppl 85):38–46
580. Pedersen JE, Chraemmer-Jorgensen B, Schmidt JF, Risbo A (1986) Peroperative buprenorphine: do high dosages shorten analgesia postoperatively? Acta Anaesthesiol Scand 30:660–663
581. Peiker G, Müller B, Ihn W, Nöschel H (1980) Ausscheidung von Pethidin durch die Muttermilch. Zentralbl Gynaecol 102:537–541
582. Penning JP, Samson B, Baxter AD (1988) Reversal of epidural morphine-induced respiratory depression and pruritus with nalbuphine. Can J Anaesth 35: 599–605

583. Penon C, Negre I, Ecoffey C, Gross JB, Levron JC, Samii K (1988) Analgesia and ventilatory response to carbon dioxide after intramuscular and epidural alfentanil. Anesth Analg 67:313–317
584. Perks ER (1964) Monoamine oxidase inhibitors. Anaesthesia 19:376–386
585. Perrot G, Muller A, Laugner B (1983) Surdosage accidentel en morphine intrarachidienne. Traitement par naloxone intraveneuse seule. Ann Fr Anesth Reanim 2:412–414
586. Perry S, Heidrich G (1982) Management of pain during debridement: a survey of U.S. burn units. Pain 13:267–280
587. Petro DJ. Dezocine (1983) In: Bullingham RES (ed) Opiate analgesia. Saunders, London, pp 159–163
588. Petry T, Cloez O, Pertek JP, Heck M, Auque J (1985) Dépression respiratoire après injection intrathécale de morphine: interêt de la naloxone in situe. Ann Fr Anesth Reanim 4:424–426
589. Philbin DM, Wilson NE, Sokoloski I, Coggins C (1976) Radioimmunoassay of antidiuretic hormone during morphine anesthesia. Can Anaesth Soc J 23: 290–295
590. Philbin DM, Moss J, Akins CW, et al. (1981) The use of H_1 and H_2 histamine antagonists with morphine anesthesia: a double blind study. Anesthesiology 55: 292–296
591. Phillips GH (1987) Epidural sufentanil/bupivacaine combinations for analgesia during labor: effect of varying sufentanil doses. Anesthesiology 67:835–838
592. Phillips G (1988) Continuous infusion epidural analgesia in labor: the effect of adding sufentanil to 0.125 % bupivacaine. Anesth Analg 67:462–465
593. Phitayakorn P, Melnick BM, Vicinie AF (1987) Comparison of continuous sufentanil and fentanyl infusions for outpatient anaesthesia. Can J Anaesth 34: 242–245
594. Piepenbrock S, Zenz M, Gorus R, Link K, Reinhart K (1983) Buprenorphin und Pentazocin zur postoperativen Analgesie. Eine Doppelblindstudie nach Baucheingriffen. Anaesthesist 32:601–609
595. Pinnock CA, Bell A, Smith G (1985) A comparison of nalbuphine and morphine as premedication agents for minor gynecological surgery. Anaesthesia 40: 1078–1081
596. Pittman KA, Smyth RD, Mayol RF (1980) Serum levels of butorphanol by radioimmunoassay. J Pharm Sci 69:160–163
597. Del Pizzo A (1978) A double blind study of the effects of butorphanol compared with morphine in balanced anesthesia. Can Anaesth Soc J 25:392–397
598. Pomeranz V, Chiu D (1976) Naloxone blockade of acupuncture analgesia: endorphin implicated. Life Sci 19:1757–1762
599. Pond SM, Tong T, Benowitz NL, Jacob P (1980) Enhanced bioavailability of pethidine and pentazocine in patients with cirrhosis of the liver. Aust NZ J Med 10:515–519

600. Popio KA, Jackson DH, Ross AM, Schreiner BF, Yu PN (1978) Hemodynamic and respiratory effects of morphine and butorphanol. Clin Pharmacol Ther 23: 281–287
601. Porreca F, Burks TF (1983) The spinal cord as a site of opioid effects on gastrointestinal transit in the mouse. J Pharmacol Exp Ther 227:22–27
602. Porter EJB, McQuay HJ, Bullingham RES, Weir L, Allen MC, Moore RA (1983) Comparison of effects of intraoperative and postoperative methadone: acute tolerance to the postoperative dose? Br J Anaesth 55:325–332
603. Post C, Archer T, Gordh T (1987) Spinal α-adrenergic mechanism for analgesia. Schmerz-Pain-Douleur 8:107–114
604. Prasertsawat PO, Herabuyta Y, Chaturachinda K (1986) Obstetric analgesia: comparison between tramadol, morphine, and pethidine. Curr Ther Res 40: 1022–1028
605. Price DD, von der Gruen A, Miller J, Rafii A, Price C (1985) Potentiation of systemic morphine analgesia in humans by proglumide, a cholecystokinin antagonist. Anesth Analg 64:801–806
606. Pugh CC, Drummond GB (1987) A dose-response study with nalbuphine hydrochloride for pain in patients after upper abdominal surgery. Br J Anaesth 59: 1356–1363
607. Pugh GC, Drummond GB, Elton RA, Macintyre CCA (1987) Constant i.v. infusions of nalbuphine or buprenorphine for pain after abdominal surgery. Br J Anaesth 59:1364–1374
608. Quiding H, Persson G, Ahlström U, Bangens S, Hellem S, Johansson G, Jönsson E, Nordh PG (1982) Paracetamol plus supplementary doses of codeine. An analgesic study of repeated doses. Eur J Clin Pharmacol 23:315–319
609. Radnay PA, Brodman E, Mankikar D, Duncalf D (1980) The effect of equianalgesic doses of fentanyl, morphine, meperidine and pentazocine on common bile duct pressure. Anaesthesist 29:26–29
610. Radnay PA, Duncalf D, Novakovich M, Lesser ML (1984) Common bile duct pressure changes after fentanyl, morphine, meperidine, butorphanol, and naloxone. Anesth Analg 63:441–444
611. Radvila A, Adler RH, Galeazzi RL, Vorkauf H (1987) The development of a German language (Berne) pain questionnaire and its application in a situation causing pain. Pain 28:185–195
612. Raeder JC, Hole A (1986) Alfentanil anaesthesia in gall-bladder surgery. Acta Anaesthesiol Scand 30:35–40
613. Ramsay JG, Higgs BD, Wynands JE, Robbins R, Townsend GE (1985) Early extubation after high-dose fentanyl anaesthesia for aortocoronary bypass surgery: reversal of respiratory depression with low-dose nalbuphine. Can Anaesth Soc J 32:597–606
614. Rance MJ (1979) Animal and molecular pharmacology of mixed agonist-antagonist analgesic drugs. Br J Clin Pharmacol 7:281S–286S
615. Rao TLK, Mummaneni N, El-Etr AA (1982) Convulsions: an unusual response to intravenous fentanyl administration. Anesth Analg 61:1020–1021

616. Rao U, Campbell IT, Catley DM, Sutherst JR (1985) Epidural meptazinol for pain relief after lower abdominal surgery. Anaesthesia 40:754–758
617. Ravnborg M, Jensen FM, Jensen NH, Holk IK (1987) Pupillary diameter and ventilatory CO_2 sensitivity after epidural morphine and buprenorphine. Anesth Analg 66:847–851
618. Rawal N, Mollefors K, Axelsson K, Lingardh G, Widman B (1983) An experimental study of urodynamic effects of epidural morphine and naloxone reversal. Anesth Analg 42:641–647
619. Rawal N, Schött U, Dahlström B, Inturrisi CE, Tandon B, Sjöstrand U, Wennhager M (1986) Influence of naloxone infusion on analgesia and respiratory depression following epidural morphine. Anesthesiology 64:194–201
620. Rawal N, Arner S, Gustafsson LL, Allvin R (1987) Present state of extradural and intrathecal opioid analgesia in Sweden. A nationwide follow-up survey. Br J Anaesth 59:791–799
621. Read DJC (1967) A clinical method for assessing the ventilatory response to carbon dioxide. Australian Ann Med 16:20–32
622. von Rechenberg H, Knoch M, Konder H, Lennartz H (1986) Hämodynamische Einflüsse von Nalbuphin bei Patienten mit akuter respiratorischer Insuffizienz. Anaesthesist 35:103–107
623. Regaert P, Noorduin H (1984) General anaesthesia with etomidate, alfentanil and droperidol for caesarean section. Acta Anaesthesiol Belg 35:193–200
624. Rettig G, Kropp J (1980) Analgetische Wirkung von Tramadol beim akuten Myocardinfarkt. Therapiewoche 30:5561–5566
625. Richter W, von Arnim B, Giertz H (1981) Tramadol-Kapseln in der klinischen Doppelblindprüfung. 1. Mitteilung: Vergleich mit Pentazocin und Plazebo. MMW 123:517–520
626. Richter W, Barth H, Flohé L, Giertz H (1985) Clinical investigation on the development of dependence during oral therapy with tramadol. Arzneim Forsch 35: 1742–1744
627. Ridley SA, Matthews NC, Dixon J (1986) Meptazinol versus pethidine for postoperative pain relief in children. Anaesthesia 41:263–267
628. Rigg JRA (1978) Ventilatory effects and plasma concentrations of morphine in man. Br J Anaesth 50:759–765
629. Rigg JRA, Browne RA, Davis C, Khandelwal JK, Goldsmith CH (1978) Variation in the disposition of morphine after i.m. administration in surgical patients. Br J Anaesth 50:1125–1130
630. Risbo A, Schmidt JF (1983) Peroral diazepam compared with parenteral morphine/scopolamine with regard to gastric content. Acta Anaesthesiol Scand 27: 165–166
631. Risbo A, Jorgensen BC, Kolby P, Pedersen J, Schmidt JF (1985) Sublingual buprenorphine for premedication and postoperative pain relief in orthopaedic surgery. Acta Anaesthesiol Scand 29:180–182

632. Rita L, Seleny F, Goodarzi M (1980) Comparison of the calming and sedative effects of nalbuphine and pentazocine for paediatric premedication. Can Anaesth Soc J 27:546–549
633. Ritschel WA (1982) Pharmacokinetic aspects of analgesics. Methods Find Exp Clin Pharmacol 4:479–487
634. Riquier R, Petit J, Oksenhendler G, Winckler C (1987) Rélévation d'un phéochromocytome mortel lors d'une anesthésie générale. Ann Fr Anesth Reanim 6: 117–119
635. Roa NL, Moss KS (1984) Treacher-Collins syndrome with sleep apnoea: anesthetic considerations. Anesthesiology 60:71–73
636. Robbie DS (1979) A trial of sublingual buprenorphine in cancer pain. Br J Clin Pharmacol 7 (Suppl 3):315–317
637. Robinson JO, Rosen M, Evans JM, Revill SI, David H, Rees GAD (1980) Self-administered intravenous and intramuscular pethidine. A controlled trial in labour. Anaesthesia 35:763–770
638. Römer D, Büscher H, Hill RC, Maurer R, Petcher TJ, Welle HBA, Bakel HCCK, Akkerman AM (1980) Bremazocine: a potent long acting opiate kappa-agonist. Life Sci 27:971–798
639. Roerig DL, Kotrly KJ, Vucins EJ, Ahlfs SB, Dawson CA, Kampine JP (1987) First pass uptake of fentanyl, meperidine, and morphine in the human lung. Anesthesiology 67:466–472
640. Roizen MF, Newfield P, Eger EI, Hosobuchi Y, Adams JE, Lamb S (1985) Reduced anesthetic requirement after electrical stimulation of periaqueductal gray matter. Anesthesiology 62:120–123
641. Romagnoli A, Keats AS (1980) Ceiling effect for respiratory depression by nalbuphine. Clin Pharmacol Ther 27:478–485
642. Romagnoli A, Keats AS (1984) Ceiling respiratory depression by dezocine. Clin Pharmacol Ther 35:367–373
643. Romieu M, Orsetti A, Jaffiol C, Macabies J, du Cailar J (1975) Comparaison de la réponse endocrinienne sous deux modes d'anesthésie: neuroleptanalgésie de type chloroprothixene-dextromoramide et anesthésie veineuse de type alfadione-fentanyl. Ann Anesthesiol Fr 16:711–730
644. Rosen M (1977) The measurement of pain. In: Harcus AW, Smith R, Whittle B (eds) Pain. New Perspectives in Measurement and Management. Churchill Livingstone, London, pp 13–20
645. Rosen M, Absi EG, Webster JA (1985) Suprofen compared to dextropropoxyphene hydrochloride and paracetamol (Cosalgesic) after extraction of wisdom teeth under general anaesthesia. Anaesthesia 40:639–641
646. Rosow CE, Moss J, Philbin DM, Savarese JJ (1982) Histamine release during morphine and fentanyl anesthesia. Anesthesiology 56:93–96
647. Rosow CE, Philbin DM, Keegan CR, Moss MAJ (1984) Haemodynamics and histamine release during induction with sufentanil or fentanyl. Anesthesiology 60:489–491

648. Rosow CE (1985) Newer synthetic opioid analgesics. In: Smith G, Covino BG (eds) Acute Pain. Butterworths, London, pp 68–103
649. Rosseel PMJ, van den Broek WGM, Boer EC, Prakash O (1988) Epidural sufentanil for intra- and postoperative analgesia in thoracic surgery: a comparative study with intravenous sufentanil. Acta Anaesthesiol Scand 32:193–198
650. Rothe KF, Brather R (1983) Postoperative Atemdepressionen im Zusammenhang mit Tramadol-Infusionsnarkose? Anaesthesist 32:88
651. Rothhammer A, Weis KH, Skrobek W (1981) Die klinische Brauchbarkeit der Tramadol-Infusionsnarkose. Anaesthesist 30:619–622
652. Roure P, Jean N, Leclerc AC, Cabanel N, Levron JC, Duvaldestin P (1987) Pharmacokinetics of alfentanil in children undergoing surgery. Br J Anaesth 59:1437–1440
653. Rowlingson JC, Moscicki JC, DiFazio CA (1983) Anesthetic potency of dezocine and its interaction with morphine in rats. Anesth Analg 62:899–902
654. Rucci FS, Trafficante FG, Pippa P (1987) Fentanyl and bupivacaine mixture for extradural blockade in orthopaedic surgery: effects on haemodynamic responses and pain related to the use of thigh tourniquet. Eur J Anaesth 4:167–174
655. Rumore MM, Schlichting DA (1986) Clinical efficacy of antihistaminics as analgesics. Pain 25:7–22
656. Ruskis AF (1982) Effects of narcotics on the gastrointestinal tract, liver, and kidneys. In: Kitahata LM, Collins JG (eds) Narcotic analgesics in anesthesiology. Williams & Wilkins, Baltimore London, pp 143–156
657. Rutter DV, Skewes DG, Morgan M (1981) Extradural opioids for postoperative analgesia. A double-blind comparison of pethidine, fentanyl and morphine. Br J Anaesth 55:915–920
658. Saarne A (1969) Clinical evaluation of the new analgesic piritramide. Acta Anaesthesiol Scand 13:11–19
659. Saarnivaara L (1973) Effect of aminophenazone, codeine and diallymal on pain occuring in children after adeno-tonsillectomy. A double-blind study. Acta Otolaryngol 76:372–376
660. Saarnivaara L, Metsä-Ketelä T, Männistö P, Vapaatalo H (1980) Pain relief and sputum prostaglandins in adults treated with pethidine, tilidine and indomethacin after tonsillectomy. A double-blind study. Acta Anaesthesiol Scand 24:79–85
661. Saarnivaara L (1984) Comparison of paracetamol and pentazocine suppositories for pain relief after tonsillectomy in adults. Acta Anaesthesiol Scand 28:315–318
662. Säwe J (1986) High-dose morphine and methadone in cancer patients. Clinical pharmacokinetic considerations of oral treatment. Clin Pharmacokinet 11:87–106
663. Safwat AM, Daniel D (1983) Grand mal seizure after fentanyl administration. Anesthesiology 59:78

664. Samuelsson H, Nordberg G, Hedner T, Lindqvist J (1987) CSF and plasma morphine concentrations in cancer patients during chronic morphine therapy and its relation to pain relief. Pain 30:303–310
665. Sandkühler J, Fu QH, Helmchen C, Zimmermann M (1987) Pentobarbital, in subanaesthetic doses, depress spinal transmission of nociceptive information but does not affect stimulation-produced descending inhibition in the cat. Pain 31: 381–390
666. Saunders NA, Sullivan CE (eds) (1984) Sleep and breathing. Lung biology in health and disease, Vol. 21. Marcel Dekker, New York
667. Scamman FL (1983) Fentanyl-O_2-N_2O rigidity and pulmonary compliance. Anesth Analg 62:332–334
668. Schäffer J, Piepenbrock S, Kretz FJ, Schönfeld C (1986) Nalbuphin und Tramadol zur postoperativen Schmerzbekämpfung bei Kindern. Anaesthesist 35: 408–413
669. Schäffer J, Piepenbrock S, Niekrens E, Panning B (1988) Nalbuphin im Vergleich mit Piritramid und Plazebo zur postoperativen Schmerztherapie nach Intubationsnarkosen mit Halothan. Anaesthesist 37:238–245
670. Schaer H, Baasch K, Achtari R (1986) Nalbuphin nach Enfluran oder Fentanyl – Wirkungen auf Kreislauf und Atmung. Anaesthesist 35:478–484
671. Schaer H, Baasch K, Achtari R (1987) Nalbuphin nach Fentanyl. Postoperative Analgesie. Anaesthesist 36:166–171
672. Scheinin B, Asantila R, Orko R (1987) The effect of bupivacaine and morphine on pain and bowel function after colonic surgery. Acta Anaesthesiol Scand 31: 161–164
673. Schmidt WK, Tam W, Shotzberger GS, Smith DH, Clark R, Vernier VG (1985) Nalbuphine. Drug Alcohol Depend 14:339–362
674. Schmucker P, van Ackern K, Franke N, Noisser H, Militzer H, Peter K, Kreuzer E, Türk R (1980) Hämodynamische und respiratorische Effekte von Pentazocin. Untersuchungen an kardio-chirurgischen Patienten. Anaesthesist 29:475–480
675. Schockenhoff B, Hoffmann P (1985) Alfentanil zur Neuroleptanaesthesie bei kurzen operativen Eingriffen. Anaesthesist 34:28–31
676. Scott JS (1970) Obstetric analgesia. A consideration of labor pain and a patient-controlled technique for its relief with meperidine. Am J Obstet Gynecol 106:959–978
677. Scott DHT, Arthur R, Scott DB (1980) Haemodynamic changes following buprenorphine and morphine. Anaesthesia 35:957–961
678. Scott PV, Bowen FE, Cartwright P, Rao BCM, Deeley D, Wotherspoon HG, Sumrein IMA (1980) Intrathecal morphine as sole analgesic during labour. Br Med J 281:351–355
679. Scott PV, Fischer HBJ (1982) Intraspinal opiates and itching: a new reflex? Br Med J 284:1015–1016
680. Scott JC, Sarnquist FH (1985) Seizure-like movements during a fentanyl infusion with absence of seizure activity in a simultaneous EEG recording. Anesthesiology 62:812–814

681. Scott JC, Stanski DR (1987) Decreased fentanyl and alfentanil dose requirements with age. A simultaneous pharmacokinetic and pharmacodynamic evaluation. J Pharmacol Exp Ther 240:159-166
682. Sear JW, Fischer A, Summerfield RJ (1987) Is alfentanil by infusion useful for sedation on the ITU? Eur J Anaesth (Suppl 1):55-61
683. Sear JW, Keegan M, Kay B (1987) Disposition of nalbuphine in patients undergoing general anaesthesia. Br J Anaesth 59:572-575
684. Sear JW, Hand CW, Moore RA, McQuay HJ (1989) Studies on morphine disposition: influence of general anaesthesia on plasma concentrations of morphine and its metabolites. Br J Anaesth 62:22-27
685. Sear JW, Hand CW, Moore RA, McQuay HJ (1989) Studies on morphine disposition: influence of renal failure on the kinetics of morphine and its metabolites. Br J Anaesth 62:28-32
686. Sebel PS, Bovill JG (1983) Fentanyl and convulsions. Anesth Analg 62:858-859
687. Sebel PS, Labor JM, Flynn PJ, Simpson BA (1984) Respiratory depression after alfentanil infusion. Br Med J 289:1581-1582
688. Seitz W, Hempelmann G, Schleussner E, Piepenbrock S (1981) Vergleichende klinische Untersuchungen von Herz-Kreislauf-Effekten zwischen Piritramid (Dipidolor) und Fentanyl. Anaesthesist 30:179-184
689. Seitz W, Kirchner E, Schaps D, Wagner T, Hesch RD (1982) Endokrine Reaktionsmuster im Verlauf der einphasigen Tramadol-N_2O-Kombinationsnarkose. Anaesth Intensivther Notfallmed 17:325-331
690. Seitz W, Lübbe N, Fritz K, Sybrecht G, Kirchner E (1985) Einfluß von Tramadol auf die ventilatorische CO_2-Antwort und den Mundokklusionsdruck. Anaesthesist 34:241-246
691. Seitz W, Lübbe N, Hamkens A, Verner L, Bornscheuer A (1988) Endokrine Reaktionsmuster: Midazolam-Fentanyl-Anästhesie versus Inhalationsanästhesie. Anaesth Intensivther Notfallmed 23:61-68
692. Semple AJ, Macrae DJ, Munishankarappa S, Burrow LM, Milne MK, Grant IS (1988) Effects of the addition of adrenaline to extradural diamorphine analgesia after caesarean section. Br J Anaesth 60:632-638
693. Sethna DH, Moffitt EA, Gray RJ, Bussell J, Raymond M, Conklin C, Shell WF, Matloff JM (1982) Cardiovascular effects of morphine in patients with coronary artery disease. Anesth Analg 61:109-114
694. Shafer A, White PF, Schüttler J, Rosenthal MH (1983) Use of fentanyl infusion in the intensive care unit: tolerance to its anesthetic effects? Anesthesiology 59:245-248
695. Shafer A, Sung ML, White PF (1986) Pharmacokinetics and pharmacodynamics of alfentanil infusions during general anesthesia. Anesth Analg 65:1021-1028
696. Shah M, Rosen M, Vickers MD (1984) Effect of premedication with diazepam, morphine or nalbuphine on gastrointestinal motility after surgery. Br J Anaesth 56:1235-1238

697. Shapiro JD, El-Ganzouri A, White PF, Ivankovich AD (1988) Midazolam-sufentanil anaesthesia for pheochromocytoma resection. Can J Anaesth 35: 190-194
698. Sharma SK, Klee WA, Nirenberg M (1976) Dual regulation of adenylate cyclase for narcotic dependence and tolerance. Proc Natl Acad Sci USA 72: 3092-3096
699. Sheikh A, Tunstall ME (1986) Comparative study of meptazinol and pethidine for the relief of pain in labour. Br J Obstetr Gynaecol 93:264-269
700. Shulman MS, Wakerlin G, Yamaguchi L, Brodsky JB (1987) Experience with epidural hydromorphone for post-thoracotomy pain relief. Anesth Analg 66: 1331-1333
701. Shupak RC, Harp JR (1985) Comparison between high-dose sufentanil-oxygen and high-dose fentanyl-oxygen for euroanaesthesia. Br J Anaesth 57:375-381
702. Siegismund K, Beutner M, Fiedler C (1982) Postoperative Analgesie durch peridurale Piritramidapplikation. Zentralbl Gynaecol 104:615-622
703. Siker ES, Wolfson B, Steward WD, Ciccarelli HE (1968) The effect of fentanyl and droperidol, alone and in combination, on pain thresholds in human volunteers. Anesthesiology 29:834-838
704. Simon EJ, Hiller JM (1978) The opiate receptors. Annu Rev Pharmacol Toxicol 18:371-394
705. Simpson KH, Madej TH, McDowell HM, Macdonald R, Lyons G (1988) Comparison of extradural buprenorphine and extradural morphine after caesarean section. Br J Anaesth 60:627-631
706. Singleton MA, Rosen JI, Fisher DM (1987) Plasma concentrations of fentanyl in infants, children and adults. Can J Anaesth 34:152-155
707. Singleton MA, Rosen JI, Fisher DM (1987) Pharmacokinetics of fentanyl in the elderly. Br J Anaesth 60:619-622
708. Sjölund B, Terenius L, Eriksson M (1977) Increased cerebrospinal fluid levels of endorphins after electro-acupuncture. Acta Physiol Scand 100:382-384
709. Sjöström S, Hartvig P, Persson P, Tamsen A (1987) Pharmacokinetics of epidural morphine and meperidine in humans. Anesthesiology 67:877-888
710. Sjöström S, Tamsen A, Persson P, Hartvig P (1987) Pharmacokinetics of intrathecal morphine and meperidine in humans. Anesthesiology 67:889-895
711. Sjöström S, Hartvig D, Tamsen A (1988) Patient-controlled analgesia with extradural morphine or pethidine. Br J Anaesth 60:358-366
712. Sjövall S (1983) Use of midazolam and buprenorphine in combination analgesia. Ann Clin Res 15:151-155
713. Skelbred P, Lokken P (1982) Codeine added to paracetamol induced inverse effects but did not increase analgesia. Br J Clin Pharmacol 14:539-543
714. Slattery PJ, Harmer M, Rosen M, Vickers MD (1982) Naloxone reversal of meptazinol-induced respiratory depression. Anaesthesia 37:1163-1166
715. Slavic-Svircev V, Heidrich G, Rusy B (1987) Comparison of intravenously administered dezocine and morphine for postoperative pain. Clin J Pain 2:239-244
716. Snyder SH (1977) Opiate receptors in the brain. N Engl J Med 296:266-271

717. Snyder SH, Simantov R (1977) The opiate receptor and opioid peptides. J Neurochem 28:13–20
718. Snyder SH (1984) Drug and neurotransmitter receptors in the brain. Science 224:22–31
719. Sokoll MD, Hoyt JL, Gergis SD (1972) Studies in muscle rigidity, nitrous oxide, and narcotic analgesic agents. Anesth Analg 51:16–20
720. Spaulding TC, Fielding S, Venafro JJ, Lal H (1979) Antinociceptive activity of clonidine and its potentiation of morphine analgesia. Eur J Pharmacol 58:19–25
721. Spiegel K, Kourides IA, Pasternak GW (1982) Prolactin and growth hormone release by morphine in the rat: different receptor mechanism. Science 217: 745–747
722. Spiegelmann WG, Saunders L, Mazze R (1984) Addiction and anesthesiology. Anesthesiology 60:335–341
723. Spiller P, Kreuzer H (1974) Schmerzbekämpfung beim Myokardinfarkt. Z Kardiol 63:1060–1067
724. Sprigge JS, Wynands JE, Whalley DG, Bevan DR, Townsend GE, Nathan H, Patel YC, Srikant CB (1982) Fentanyl infusion anesthesia for aortocoronary bypass surgery: plasma levels and hemodynamic response. Anesth Analg 61: 972–976
725. Stack CG, Rogers P, Linter SPK (1988) Monoamine oxidase inhibitors and anaesthesia. A review. Br J Anaesth 60:222–227
726. Stahl KD, van Bever W, Janssen P, Simon EJ (1977) Receptor affinity and pharmacological potency of series of narcotic analgesics, anti-diarrheal and neuroleptic drugs. Eur J Clin Pharmacol 46:199–205
727. Stambaugh JE (1982) Evaluation of nalbuphine: efficacy and safety in the management of chronic pain associated with advanced malignancy. Curr Ther Res 31:393–400
728. Stanley TH, Gray NH, Bidway AV, Lordon R (1974) The effects of high dose morphine and morphine plus nitrous oxide on urinary output in man. Can Anaesth Soc J 21:379–384
729. Stanley TH, Gray NH, Isern-Amaral JH, Patton C (1974) Comparison of blood requirements during morphine and halothane anesthesia for open-heart surgery. Anesthesiology 41:34–38
730. Stanley TH, Bennett GM, Loeser EA, Kawamura R, Sentker CR (1976) Cardiovascular effects of diazepam and droperidol during morphine anesthesia. Anesthesiology 44:255–258
731. Stanley TH, Webster LR (1978) Anesthetic requirements and cardiovascular effects of fentanyl-oxygen and fentanyl-diazepam-oxygen anesthesia in man. Anesth Analg 57:411–16
732. Stanley TH (1983) High-dose fentanyl. Mt Sinai J Med 50:308–311
733. Stanley TH, Reddy P, Gilmore S, Bennett G (1983) The cardiovascular effects of high-dose butorphanol-nitrous oxide anaesthesia before and during operation. Can Anaesth Soc J 30:337–341

734. Stanski DR, Watkins WD. Drug disposition in anesthesia. Grunde & Stratton, New York 1982
735. Steen SN, Urban BJ, Finn H, Cohen R (1968) Effects of some phenothiazines, with and without meperidine, on the respiratory response to carbon dioxide. Anesth Analg 47:187-189
736. Stein C, Brechner T (1987) Epidural morphine tolerance: use of norepinephrine. Clin J Pain 2:267-269
737. Stephens RJ, Waterfall JF, Franklin RA (1978) A review of the biological properties and metabolic disposition of the new analgesic agent, meptazinol. Gen Pharmacol 9:73-78
738. Stimmel B. Pain, analgesia and addiction: the pharmacological treatment of pain. Raven Press, New York 1983
739. Stoeckel H, Hengstmann JH, Schüttler J (1979) Pharmacokinetics of fentanyl as a possible explanation for recurrence of respiratory depression. Br J Anaesth 51: 741-745
740. Stoelting RK (1977) Influence of barbiturate anesthetic induction on circulatory responses to morphine. Anesth Analg 56:615-617
741. Stoelting RK (1980) Gastric fluid volume and pH after fentanyl, enflurane, or halothane-nitrous oxide anesthesia with or without atropine or glycopyrrolate. Anesth Analg 59:287-290
742. Stoelting RK (1983) Allergic reactions during anesthesia. Anesth Analg 62: 341-356
743. Stoelting RK (1987) Pharmacology and physiology in anesthetic practice. J.B. Lippincott, Philadelphia London Mexico City New York St. Louis Sao Paolo Sydney
744. Strauer BE (1975) Die Wirkung von Tilidin auf die linksventrikuläre Dynamik des menschlichen Herzens. Dtsch Med Wochenschr 14:760-763
745. Streisand JB, Hague B, van Vreeswijk H, Pace NL, Clissold M, Nelson P, East KA, Stanley TO, Stanley TH (1987) Oral transmucosal fentanyl premedication in children. Anesth Analg 66:S170
746. Sullivan SP, Cherry DA (1987) Pain from an invasive facial tumor relieved by lumbar epidural morphine. Anesth Analg 66:777-779
747. Sun CLJ, Hui FW, Hanig JP (1985) Effekt of H_1 blockers alone and in combination with morphine to produce antinociception in mice. Neuropharmacology 24:1-4
748. Sunshine A, Roure C, Olson N, Laska EM, Zorrilla C, Rivera J (1987) Analgesic efficacy of two ibuprofen-codeine combinations for the treatment of postepisiotomy and postoperative pain. Clin Pharmacol Ther 42:374-380
749. Sunshine A, Axtmayer R, Olson NZ, Laska E, Ramos I (1988) Analgesic efficacy of pentazocine versus a pentazocine-naloxone combination following oral administration. Clin J Pain 4:35-40
750. Swerdlow M, Murray A, Daw RH (1963) A study of postoperative pain. Acta Anaesthesiol Scand 7:1-19

751. Swerdlow M, Starmer G, Daw RH (1964) A comparison of morphine and phenazocine in postoperative pain. Br J Anaesth 36:782–786
752. Taeger K, Wenninger E, Schmelzer F, Adt M, Franke N, Peter K (1988) Pulmonary kinetics of fentanyl and alfentanil in surgical patients. Br J Anaesth 61: 425–434
753. Taiwo YO, Fabian A, Paoles CJ, Fields HL (1985) Potentiation of morphine antinociception by monoamine reuptake inhibitors in the rat spinal cord. Pain 21:329–338
754. Takemori AE, Tulunay FC, Yano I (1975) Differential effects on morphine analgesia and naloxone antagonism by biogenic amine modifyers. Life Sci 17: 21–28
755. Takki S, Tammisto T (1973) A comparison of pethidine, piritramide and oxycodone in patients with pain following cholecystectomy. Anaesthesist 22:162–166
756. Tammisto T, Takki S, Aromaa U, Janhunen L (1974) Comparison of pethidine and tilidine in man. Acta Anaesthesiol Scand 18 (Suppl 54):1–23
757. Tammisto T, Tigerstedt I (1975) The interaction of tilidine and pethidine in postoperative pain. Acta Anaesthesiol Scand 19:296–302
758. Tammisto T, Tigerstedt I (1977) Comparison of the analgesic effects of intravenous nalbuphine and pentazocine in patients with postoperative pain. Acta Anaesthesiol Scand 21:390–394
759. Tamsen A, Bondesson U, Dahlström B, Hartvig P (1982) Patient-controlled analgesic therapy, part III: pharmacokinetics and analgesic plasma concentrations of ketobemidone. Clin Pharmacokinet 7:252–265
760. Tamsen A, Sjöström S, Hartvig P (1986) The Uppsala experience of patient-controlled analgesia. Adv Pain Res Ther 8:325–332
761. Tanaka GY (1974) Hypertensive reaction to naloxone. JAMA 228:25–26
762. Taube HD (1978) Opiatrezeptoren und Endorphine. Anaesthesist 27:2–9
763. Terenius L (1978) Endogenous peptides and analgesia. Annu Rev Pharmacol Toxicol 18:189–204
764. de Thibault de Boesinghe L (1978) Double-blind study of the analgesic effect of nefopam hydrochloride (Acupan[R]) and pentazocine (Fortral[R]) in cancer patients with pain. Curr Ther Res 24:646–655
765. Thomson IR, Putnins CL, Friesen RM (1986) Hyperdynamic cardiovascular responses to anesthetic induction with high-dose fentanyl. Anesth Analg 65:91–95
766. Thorpe DH (1984) Opiate structure and activity – a guide to understanding the receptor. Anesth Analg 63:143–151
767. Tigerstedt I, Turunen M, Tammisto T, Hästbacka J (1981) The effect of buprenorphine and oxycodone on the intracholedochal passage pressure. Acta Anaesthesiol Scand 25:99–102
768. Todd JG, Nimmo WS (1983) Effect of premedication on drug absorption and gastric emptying. Br J Anaesth 55:1189–1193
769. Torda TA, Pybus DA (1982) Comparison of four narcotic analgesics for extradural analgesia. Br J Anaesth 54:291–295

770. Toren T, Wattwil M (1988) Effects on gastric emptying of thoracic epidural analgesia with morphine or bupivacaine. Anesth Analg 67:687–694
771. Trop O, Kenny L, Grad BR (1979) Comparison of nefopam hydrochloride and propoxyphene hydrochloride in the treatment of postoperative pain. Can Anesth Soc J 26:296–304
772. Tuman KJ, Spiess BD, Wong CA, Ivankovich AD (1988) Sufentanil-midazolam anesthesia in malignant hyperthermia. Anesth Analg 67:405–408
773. Twycross RG (1975) The use of narcotic analgesics in terminal illness. J Med Ethics 1:10–17
774. Vainio A, Tigerstedt I (1988) Opioid treatment for radiating cancer pain: oral administration vs. epidural techniques. Acta Anaesthesiol Scand 32:179–185
775. Valgardsson A, Werner O, Svensson G (1985) Antagonism of fentanyl and alfentanil by intravenous plus subcutaneous naloxone. Pattern of ventilatory depression after a short procedure. Anaesthesia 40:722–776
776. Vargish T, Beamer KC, Daly T, Head R (1987) Myocardial opiate receptor activity is stereospecific, independent of muscarinic receptor antagonism, and may play a role in depressing cardiac function. Surgery 102:171–177
777. Vatashsky E, Haskel Y, Nissan S, Hanani M (1987) Effects of morphine on the mechanical activity of common bile duct pressure isolated from the guinea pig. Anesth Analg 66:245–248
778. Vater M, Smith G, Aherne GW, Aitkenhead AR (1984) Pharmacokinetics and analgesia effects of slow-release oral morphine sulfate in volunteers. Br J Anaesth 56:821–827
779. Vaught JL, Rothman RB, Westfall TC (1982) Mu and delta receptors: their role in analgesia and in differential effects of opioid peptides on analgesia. Life Sci 39:1443–1455
780. Verborgh C, van der Auwera D, van Droogenbroek E, Camu F (1986) Epidural sufentanil for postsurgical pain relief. Eur J Anaesth 3:313–320
781. Verborgh C, van der Auwera D, Camu F (1987) Meptazinol for postoperative pain relief in man. Comparison of extradural and i.m. administration. Br J Anaesth 59:1134–1139
782. Verborgh C, van der Auwera D, Noorduin H, Camu F (1988) Epidural sufentanil for post-operative pain relief: effects of adrenaline. Eur J Anaesth 5:183–191
783. Vereby K, Volavka J, Mule SJ, Resnick RB (1976) Naltrexone: disposition, metabolism, and effects after acute and chronic dosing. Clin Pharmacol Ther 20: 315–328
784. Vickers MD, Schnieden H, Wood-Smith FG (1984) Drugs in anaesthetic practice. Butterworths, London Boston Durban Singapore Sydney Toronto Wellington
785. Vollmer KO (1988) Pharmakokinetische Aspekte des Valoron N Prinzips. Ausgewogene Pharmakokinetik von Nortilidin und Naloxon. Fortschr Med 106: 593–596
786. Waldman SD, Feldstein GS, Allen ML, Turnage G (1986) Selection of patients for implantable intraspinal narcotic delivery systems. Anesth Analg 65:883–885

787. Waldman SD, Feldstein GS, Waldman HJ, Waldman KA (1987) Caudal administration of morphine sulfate in anticoagulated and thrombocytopenic patients. Anesth Analg 66:267–268
788. Waldmann CS, Eason JR, Rambohul E, Hanson GC (1984) Serum morphine levels. A comparison between continuous subcutaneous infusion and continuous intravenous infusion in postoperative patients. Anaesthesia 39:768–771
789. Wallenstein SL, Rogers AG, Kaiko RF, Houde RW (1986) Nalbuphine: clinical analgesic studies. Adv Pain Res Ther 8:247–252
790. Wang JK, Nauss LE, Thomas JE (1979) Pain relief by intrathecally applied morphine in man. Anesthesiology 50:149–151
791. Wangler MA, Rosenblatt RM (1983) Methadone titration to avoid excessive respiratory depression. Anesthesiology 59:363–364
792. Watson J, Moore A, McQuay H, Teddy P, Baldwin D, Allen M, Bullingham R (1984) Plasma morphine concentrations and analgesic effects of lumbar extradural morphine and heroin. Anesth Analg 63:629–634
793. Way EL, Adler K (1960) The pharmacological implications of the fate of morphine and its surrogates. Pharmacol Rev 12:383–446
794. Way EL, Kemp JW, Grasetti DR (1960) The pharmacologic effects of heroin in relationship to its rate of biotransformation. J Pharmacol Exp Ther 129:144–154
795. Way WL, Costley EC, Way EL (1965) Respiratory sensitivity of the newborn infant to meperidine and morphine. Clin Pharmacol Ther 6:454–461
796. Way WL (1978) Basic mechanism in narcotic tolerance and physical dependence. Ann NY Acad Sci 311:61–68
797. Weinstock M, Roll D, Erez E, Bahar M (1980) Physostigmine antagonizes morphine-induced respiratory depression but not analgesia in dogs and rabbits. Br J Anaesth 52:1171–1176
798. Weiss P, Ritz R (1988) Analgetische Wirkung und Nebenwirkungen von Buprenorphin bei der akuten koronaren Herkrankheit. Ein randomisierter Doppelblindvergleich mit Morphin. Anaesth Intensivther Notfallmed 23:309–312
799. Welchew EA, Thornton JA (1982) Continuous thoracic epidural fentanyl. Anaesthesia 37:309–316
800. Welchew EA, Hosking J (1985) Patient-controlled postoperative analgesia with alfentanil. Adaptive, on-demand intravenous alfentanil or pethidine compared double-blind for postoperative pain. Anaesthesia 40:1172–1177
801. Weldon ST, Perry DF, Cork RC, Gandolfi AJ (1985) Detection of picogram levels of sufentanil by capillary gas chromatography. Anesthesiology 63:684–687
802. Wells DG, Davies G (1987) Profound central nervous system depression from epidural fentanyl for extracorporeal shock wave lithotrypsy. Anesthesiology 67:991–992
803. Werner D, Ratnaike RN, Barrie J, Streeter J, Read T, Grant AK (1982) A comparison of diazepam and phenoperidine in premedication for upper gastrointestinal endoscopy: a randomized double-blind study. Eur J Clin pharmacol 22:143–145

804. Westerling D, Andersson KE (1984) Rectal administration of morphine hydrogel: absorption and bioavailability in women. Acta Anaesthesiol Scand 28: 540–543
805. Westerling D (1985) Rectally administered morphine: plasma concentrations in children premedicated with morphine in hydrogel and in solution. Acta Anaesthesiol Scand 29:653–656
806. White PF (1986) Postoperative pain management with patient-controlled analgesia. Seminars in Anesthesia 5:116–122
807. White PF, Coe V, Shafer A, Sung ML (1986) Comparison of alfentanil with fentanyl for outpatient anesthesia. Anesthesiology 64:99–106
808. Wiggum DC, Cork RC, Weldon ST, Gandolfi AT, Perry DS (1985) Postoperative respiratory depression and elevated sufentanil levels in a patient with chronic renal failure. Anesthesiology 63:708–710
809. Wikler A. Opioid dependence. Mechanisms and treatment. Plenum Press, New York London 1980
810. Wiklund L (1986) Reversal of sedation and respiratory depression after anaesthesia by the combined use of physostigmine and naloxone in neurosurgical patients. Acta Anaesthesiol Scand 30:374–377
811. Wilcox GL, Carlsson KH, Jochim A, Jurna I (1987) Mutual potentiation of antinociceptive effects of morphine and clonidine on motor and sensory responses in rat spinal cord. Brain Res 405:84–93
812. Wilkinson DJ, O'Connor SA, Dickson GR, Drake HF (1985) Meptazinol- a cause of respiratory depression in general anaesthesia. Br J Anaesth 57: 1077–1084
813. Willer JC, Bergeret S, Gaudy JH (1985) Epidural morphine strongly depresses nociceptive flexion reflexes in patients with postoperative pain. Anesthesiology 63:675–680
814. Wolff J, Bigler D, Broen Christensen C, Rasmussen SN, Andersen HB, Tonnesen KH (1988) Influence of renal function on the elimination of morphine and morphine glucuronides. Eur J Clin Pharmacol 34:353–357
815. Wood C (ed) (1978) Stress-free anaesthesia. The Royal Society of Medicine and Academic Press, London
816. Wood M. Narcotic Analgesics and antagonists (1982) In: Wood M, Wood AJJ (eds) Drugs and anesthesia. Pharmacology for anesthesiologists. Williams & Wilkins, Baltimore London, pp 163–197
817. Writer WDR, Hurtig JB, Evans D, Needs RE, Hope CE, Forrest JB (1985) Epidural morphine prophylaxis of postoperative pain: report of a double-blind multicentre study. Can Anaesth Soc J 32:330–338
818. Wüst HJ, Bromage PR (1987) Delayed respiratory arrest after epidural hydromorphone. Anaesthesia 42:404–406
819. Yaksh TL (1981) Spinal opiate analgesia: characteristics and principles of action. Pain 11:293–346

820. Yaksh TL, Müller H (eds) (1982) Spinal opiate analgesia. Experimental and Clinical Studies. Anaesthesiologie und Intensivmedizin 144. Springer, Berlin Heidelberg New York
821. Yaksh TL, Noueihed R (1985) The physiology and pharmacology of spinal opiates. Annu Rev Pharmacol Toxicol 25:433–462
822. Yaksh TL, Onofrio BM (1987) Retrospective consideration of the doses of morphine given intrathecally by chronic infusion in 163 patients by 19 physicians. Pain 31:211–223
823. Yate PM, Thomas D, Short SM, Sebel PS, Morton J (1986) Comparison of infusions of alfentanil or pethidine for sedation of ventilated patients in the ITU. Br J Anaesth 58:1091–1099
824. Yukioka H, Bogod DG, Rosen M (1987) Recovery of bowel motility after surgery. Detection of time to first flatus from carbon dioxide concentration and patient estimate after nalbuphine and placebo. Br J Anaesth 59:581–584
825. Yukioka H, Rosen M, Evans KT, Leach KG, Hayward MWJ, Saggu GS (1987) Gastric emptying and small bowel transit times in volunteers after intravenous morphine and nalbuphine. Anaesthesia 42:704–710
826. Youssef MS, Wilkinson PA (1988) Epidural fentanyl and monoamine oxidase inhibitors. Anaesthesia 43:210–212
827. Zelis R, Mansour EJ, Capone RJ, Mason DT, Kleckner R (1974) The cardiovascular effects of morphine: the peripheral capacitance and resistance vessels in human subjects. J Clin Invest 54:1247–1258
828. Zenz M, Piepenbrock S, Tryba M, Klauke W, Everlien M (1983) Buprenorphin-Sublingual-Tabletten: Erste klinische Erfahrungen bei der Langzeittherapie von Krebsschmerzen. Fortschr Med 101:191–194
829. Zimmermann M, Handwerker HO (Hrsg) (1984) Schmerz. Konzepte und ärztliches Handeln. Springer, Berlin Heidelberg New York Tokyo
830. Zinck B, Fritz KW (1982) Atemdepression nach epiduraler Opiat-Analgesie mit Buprenorphin-Hydrochlorid? Anaesth Intensivther Notfallmed 17:345–347
831. Zindler M, Hartung E (Hrsg) (1985) Alfentanil. Ein neues, ultrakurzwirkendes Opioid. Urban & Schwarzenberg, München Wien Baltimore
832. Zsigmond EK, Durrani Z, Barabas E, Wang XY, Tran L (1987) Endocrine and hemodynamic effects of antagonism of fentanyl-induced respiratory depression by nalbuphine. Anesth Analg 66:421–426
833. Zsigmond EK, Winnie AP, Raza SMA, Wang XY, Barabas E (1987) Nalbuphine as an analgesic component in balanced anesthesia for cardiac surgery. Anesth Analg 66:1155–1164
834. Zucker JR, Neuenfeldt T, Freund PR (1987) Respiratory effects of nalbuphine and butorphanol in anesthetized patients. Anesth Analg 66:879–881
835. Zuurmond WWA, van Leeuwen L (1987) Fixed rate alfentanil infusions for surgery of variable duration. Eur J Anaesth (Suppl 1):35–38

MIX
Papier aus verantwortungsvollen Quellen
Paper from responsible sources
FSC® C105338

If you have any concerns about our products,
you can contact us on
ProductSafety@springernature.com

In case Publisher is established outside the EU,
the EU authorized representative is:
**Springer Nature Customer Service Center GmbH
Europaplatz 3, 69115 Heidelberg, Germany**

Printed by Libri Plureos GmbH
in Hamburg, Germany